LE FORMULAIRE

PCSI-PTSI, PC-PSI-PT

LE FORMULAIRE PCSI-PTSI, PC-PSI-PT

2 000 formules de physique, chimie et mathématiques

Lionel Porcheron

Ingénieur de l'ENSEEIHT à Toulouse

4e édition

DUNOD

ISBN 978-2-10-051940-8

Table des matières

Avant-propos

La quatrième édition de ce formulaire rassemble les principaux résultats des cours de mathématiques, de physique et de chimie établis tout au long des deux années de classes préparatoires dans les filières PC, PSI et PT. Cette nouvelle édition, s'améliore encore un peu avec l'apparition de la couleur. Ce formulaire s'avérera fort utile aussi bien pendant votre « prépa » que lorsque la période fatidique des concours approchera.

Il a été scindé en trois parties : les parties relatives aux mathématiques, à la physique et à la chimie, chacune d'entre elles rassemblant les principaux résultats établis en cours pour chacune des filières auxquelles s'adresse cet ouvrage. À la fin de l'ouvrage, figurent en annexes les données qui ne sont pas nécessairement à connaître, mais qui sont néanmoins fort utiles au quotidien.

Un effort tout particulier a été fait pour rendre ces formules les plus « lisibles » possible en détaillant la signification de chaque symbole et en précisant bien à chaque fois les conditions d'application de ces formules. Soulignons tout de même que l'apprentissage de ces formules ne se substitue pas à l'apprentissage du cours...

Merci à tous ceux qui ont accepté de collaborer à cet ouvrage et en particulier à Pascal OLIVE et Jean-Marie MONIER pour leur consciencieuse relecture respective des parties physique et mathématiques, à Bruno COURTET pour avoir parfaitement assuré le suivi de ce nouveau venu dans la collection « J'intègre ».

Lionel PORCHERON
lionel.porcheron@free.fr

Chapitre 1

Mathématiques

1. Algèbre

1.1 Relations

Propriétés d'une relation binaire

Soit $\mathcal{R}$ une relation binaire dans E ; elle est dite :
réflexive si et seulement si $\forall x \in E, x\mathcal{R}x$

symétrique si et seulement si $\forall (x, y) \in E^2, x\mathcal{R}y \Longrightarrow y\mathcal{R}x$

antisymétrique si et seulement si $\forall (x, y) \in E^2, \begin{cases} x\mathcal{R}y \\ y\mathcal{R}x \end{cases} \Longrightarrow x = y$

transitive si et seulement si $\forall (x, y, z) \in E^3, \begin{cases} x\mathcal{R}y \\ y\mathcal{R}z \end{cases} \Longrightarrow x\mathcal{R}z$

Relation d'ordre

Une relation binaire $\mathcal{R}$ de E est dite **relation d'ordre** si et seulement si $\mathcal{R}$ est réflexive, antisymétrique et transitive.

Relation d'équivalence

Une relation binaire $\mathcal{R}$ de E est une **relation d'équivalence** si et seulement si $\mathcal{R}$ est réflexive, symétrique et transitive.

1.2 Structures algébriques

Lois de compositions

On appelle loi interne toute application de $E \times E \to E$.

Un loi $*$ est dite associative si et seulement si :
$$\forall(x,y,z) \in E^3, x*(y*z) = (x*y)*z$$
Une loi $*$ interne est dite commutative si et seulement si :
$$\forall(x,y) \in E^2, x*y = y*x$$
On dit que e est un élément neutre pour $*$ si et seulement si :
$$\forall x \in E, x*e = e*x = x$$
On appelle symétrique de $x \in E$ un élement de E noté x^{-1} vérifiant :
$$x^{-1}*x = x*x^{-1} = e$$
On dit que H est stable par $*$ si et seulement si :
$$\forall(x,y) \in H^2, x*y \in H$$

Groupe

Un ensemble muni d'une loi interne $(G,\cdot)$ est un **groupe** si et seulement si :
- $\cdot$ est associative ;
- $\cdot$ admet un élément neutre : e ;
- tout élément de G admet un symétrique pour la loi $\cdot$.

Si la loi $\cdot$ est commutative, on dit que le groupe G est abélien ou commutatif.

Sous-groupe

Soit $(G,\cdot)$ un groupe. Une partie H de G est un **sous groupe** de G si et seulement si :
- H est stable par la loi $\cdot$;
- H contient l'élément neutre ;
- $\forall x \in H, x^{-1} \in H$.

Anneau

Un ensemble A muni de deux lois internes notées $+$ et $\cdot$ est un **anneau** si et seulement si :
- $(A,+)$ est un groupe commutatif, d'élément neutre 0_A ;
- $\cdot$ est associative et admet un élément neutre 1_A ;
- $\cdot$ est distributive par rapport à $+$, c'est-à-dire :
$$\forall(x,y,z) \in A^3, x\cdot(y+z) = (x\cdot y)+(x\cdot z) ;$$
$$(x+y)\cdot z = (x\cdot z)+(y\cdot z).$$

Si $\cdot$ est commutative, on dit que l'anneau A est **commutatif**.

Anneau intègre

On dit qu'un anneau $(A, +, \cdot)$ est **intègre** si et seulement si A est commutatif et :

$$\forall (x, y) \in A^2, (x \cdot y = 0_A) \Rightarrow (x = 0_A \text{ ou } y = 0_A)$$

Sous-anneau

Soit $(A, +, \cdot)$ un anneau ; B une partie de A est un **sous-anneau** si et seulement si :
- $(B, +)$ est un sous groupe de $(A, +)$;
- B est stable par $\cdot$;
- $1_A \in B$.

Corps

Un ensemble $(K, + \cdot)$ muni de deux lois internes est un **corps** si et seulement si :
- $(K, +, \cdot)$ est un anneau commutatif ;
- Tout élément de $K \backslash \{0_K\}$ est inversible par la loi $\cdot$.

Espace vectoriel

Un ensemble E est dit un **K-espace vectoriel**, si E est non vide et si on dispose de deux lois, une loi interne notée $+$, et d'une loi externe $(K \times E \rightarrow E)$ vérifiant :
$(E, +)$ est un groupe abélien
1. $\forall (\lambda, \mu) \in K^2, \forall x \in E, (\lambda + \mu)x = \lambda x + \mu x$
2. $\forall \lambda \in K, \forall (x, y) \in E^2, \lambda(x + y) = \lambda x + \lambda y$
3. $\forall (\lambda, \mu) \in K^2, \forall x \in E, \lambda(\mu x) = (\lambda\mu)x$
4. $\forall x \in E, 1x = x$

Algèbre

On appelle K-algèbre tout ensemble A muni d'une loi interne notée $+$, d'une loi externe $K \times A \rightarrow A$ et d'une loi interne notée $*$ vérifiant :
1. $(A, +, \cdot)$ est un K-espace vectoriel
2. $*$ est distributive par rapport à $+$
3. $\forall \lambda \in K, \forall (x, y) \in A^2, \lambda(x * y) = (\lambda x) * y = x * (\lambda y)$

Cette algèbre est associative si et seulement si $*$ est associative, commutiative si et seulement si $*$ est commutative, unitaire si et seulement si A admet un élement neutre pour $*$.

1.3 Nombres entiers, nombres rationnels

Factorielle – Définition	
$n! = \prod_{k=1}^{n} k$	$n!$: factorielle n Par convention : $0! = 1$
Permutations	
$\mathrm{card}\,\mathfrak{S}(n) = n!$	$n!$: factorielle n, nombre de permutations d'un ensemble à n éléments
Arrangements	
$A_n^p = \dfrac{n!}{(n-p)!}$	$(n,p) \in \mathbb{N}^2$ avec $p \leqslant n$ On note A_n^p le nombre d'arrangements de p éléments à partir d'un ensemble de n éléments (c'est-à-dire le nombre de p-uplets composés d'éléments deux à deux distincts)
Combinaisons	
$C_n^p = \dfrac{n!}{p!(n-p)!}$	$(n,p) \in \mathbb{N}^2$ avec $p \leqslant n$ On appelle **combinaison** (notée C_n^p) toute partie de cardinal p d'un ensemble à n éléments.
Combinaisons – Propriétés	
$C_n^p = C_n^{n-p}$	$\forall (n,p) \in \mathbb{N} \times \mathbb{N}$
$C_n^p + C_n^{p+1} = C_{n+1}^{p+1}$	$\forall (n,p) \in \mathbb{N} \times \mathbb{Z}$
Binôme de Newton	
$(x+y)^n = \sum_{k=0}^{n} C_n^k x^k y^{n-k}$	$n \in \mathbb{N}$ $(x,y) \in A^2$ et $xy = yx$, avec A un anneau commutatif

Divisibilité

Soit $(a, b) \in \mathbb{Z}^2$, on dit que a **divise** b si et seulement si il existe $c \in \mathbb{Z}$ tel que $b = ac$.

Division euclidienne

$$\forall (a, b) \in \mathbb{Z} \times \mathbb{N}^*, \exists !(q, r) \in \mathbb{Z}^2 \text{ tel que } a = bq + r \text{ et } 0 \leqslant r < b.$$

$\mathbb{Q}$ est dense

$$x < y \Longrightarrow (\exists z \in \mathbb{Q} / x < z < y) \qquad \forall (x, y) \in \mathbb{Q}^2$$

1.4 Arithmétique dans $\mathbb{Z}$

Plus Grand Commun Diviseur (PGCD)

Soit $(x_1, \ldots, x_n) \in \mathbb{Z}^n$, une famille d'entiers relatifs non tous nuls ; la famille des diviseurs communs à tous les $(x_i)_{i \in [1,n]}$ admet un plus grand élément appelé **plus grand commun diviseur**.

Plus Petit Commun Multiple (PPCM)

Soit $(x_1, \ldots, x_n) \in \mathbb{N}^n$; la famille des multiples communs non nuls aux $(x_i)_{i \in [1,n]}$ admet un **plus petit élément appelé plus petit commun multiple**.

Nombres premiers entre eux

Soient $(x_1, \ldots, x_n) \in (\mathbb{Z}^*)^n$, ces nombres sont premiers entre eux si et seulement si ils vérifient la propriété : $\operatorname{pgcd}(x_1, \ldots, x_n) = 1$.

1.5 Polynômes et fractions rationnelles

Polynôme à une indéterminée

On note $K[X]$ le corps des polynômes à une indéterminée X à valeurs dans K. Tout élément P de $K[X]$ peut s'écrire sur la base canonique $(X^n)_{n \in \mathbb{N}}$ sous la forme : $P = \sum_n a_n X^n$.

Degré d'un polynôme – Définition

$$\deg P = \max\{n \in \mathbb{N} / a_n \neq 0\}$$

$\deg P$: degré du polynôme P

Degré d'un polynôme – Propriétés

$$\deg(P+Q) \leqslant \max(\deg P, \deg Q)$$

$(P, Q) \in K[X]$

Lorsque $\deg P \neq \deg Q$, alors : $\deg(P+Q) = \max(\deg P, \deg Q)$

$$\deg(PQ) = \deg P + \deg Q$$

Dérivation

$$P' = \sum_{n \geqslant 1} n a_n X^{n-1}$$

$P = \sum_n a_n X^n \in K[X]$

P' : polynôme dérivé de P

Division euclidienne

$\forall (A, B) \in (K[X])^2, \exists! (Q, R) \in (K[X])^2 / A = BQ + R$ avec $\deg R < \deg B$.
Q : quotient de la division euclidienne de A par B
R : reste de la division euclidienne de A par B

Polynôme irréductible

Un polynôme $P \in K[X]$ est dit **irréductible** si et seulement si $\deg P \geqslant 1$ et si P n'admet comme diviseurs que les éléments non nuls du corps K et les multiples de lui-même.

Fonction polynomiale

À tout polynôme $P = \sum_n a_n X^n$ on associe la **fonction polynomiale** :

$$\widetilde{P} : \xi \mapsto \sum_n a_n \xi^n.$$

Racine d'un polynôme

$$\widetilde{P}(\alpha) = 0$$

α est appelée **racine** du polynôme $P \in K[X]$ si elle vérifie la propriété ci-contre.

Soit $(\alpha)_{i \in I}$ famille des racines deux à deux distinctes du polynôme P. Ce polynôme peut alors s'exprimer sous la forme $P = Q \prod_{i \in I} (x - \alpha_i)^{m_i}$ où m_i est la multiplicité de la racine α_i et Q un polynôme n'ayant pas de zéro dans K.

Multiplicité d'une racine d'un polynôme

$$\widetilde{P}^{(m-1)}(\alpha) = 0$$

$$\widetilde{P}^{(m)}(\alpha) \neq 0$$

α est une racine P de multiplicité m si elle vérifie la propriété ci-contre.

Polynôme scindé

Un polynôme $P \in K[X]$ est dit **scindé** sur K si et seulement si il existe $\lambda \in K \setminus \{0\}$ et une famille d'éléments non nécessairement distincts $(x_i)_{i \in [1,n]}$ tels que :

$$P = \lambda \prod_{i=1}^{n} (X - x_i)$$

Fraction rationnelle – Définition

$$R = \frac{\sum_n a_n X^n}{\sum_n b_n X^n}$$

$R \in K(X)$: fraction rationnelle
$K(X)$: corps des fractions rationnelles
$(a_n, b_n) \in K^2$: coefficients

Zéros et pôles d'une fraction rationnelle

Soit $R = \dfrac{P}{Q} \in K(X)$ avec $(P, Q) \in K[X]^2$, une fraction rationnelle.

Si P et Q sont premiers entre eux, alors :
- on appelle **zéros** de R les zéros de P.
- on appelle **pôles** de R les zéros de Q.

1.6 Généralités sur les applications

Application injective

$$\forall(x,y) \in E^2$$
$$(f(x) = f(y) \Longrightarrow x = y)$$

Une application f est dite **injective** si et seulement si elle vérifie la propriété ci-contre.

Application surjective

$$\forall y \in F,\ \exists x \in E / f(x) = y$$

Une application linéaire f de E dans F est dite **surjective** si et seulement si elle vérifie la propriété ci-contre.

Composition de fonctions injectives, de fonctions surjectives

$g \circ f$ injective $\Rightarrow f$ injective
$g \circ f$ surjective $\Rightarrow g$ surjective

f et g : deux applications

1.7 Applications linéaires – Espaces vectoriels

Espace vectoriel – Définition

Soit E un ensemble muni d'une loi interne notée $+$ et d'une loi externe $K \times E \to E$ notée $\cdot$ telles que :
$(E, +)$ est un groupe abélien
$\forall \lambda \in K, \forall (x,y) \in E^2, \lambda(x+y) = \lambda x + \lambda y$
$\forall (\lambda, \mu) \in K^2, \forall x \in E, (\lambda + \mu)x = \lambda x + \mu x$
$\forall (\lambda, \mu) \in K^2, \forall x \in E, \lambda(\mu x) = (\lambda\mu)x$
$\forall x \in E, 1x = x$
Un tel ensemble est appelé **K-espace vectoriel**.

Sous-espace vectoriel

Soit E un K-espace vectoriel et $F \subset E$. F est dit **sous-espace !vectoriel** de E si et seulement si il vérifie les propriétés suivantes :
(1) $F \neq \emptyset$
(2) $\forall (x,y) \in F^2, x + y \in F$
(3) $\forall \lambda \in K, \forall x \in F, \lambda x \in F$

Sous-espace engendré par une partie

$$\text{Vect}(A) = \bigcap_{\substack{F \subset E, \\ F \supset A}} F$$

E : K-espace vectoriel
$A \subset E$
Vect(A) : **sous-espace vectoriel engendré par** A
Autrement dit, Vect(A)est le plus petit sous-espace vectoriel de E contenant A ou, si $A \neq \emptyset$, l'ensemble des combinaisons linéaires des éléments de E.

Somme directe de sous-espaces vectoriels

$$E = \sum_{i \in I} E_i$$

$$\forall (i,j) \in I^2 \quad E_i \cap \sum_{j \neq i} E_j = \{0\}$$

$(E_i)_{i \in I}$: famille de sous-espaces vectoriels d'un espace vectoriel E.
Si la somme des E_i vérifie les deux propriétés ci-contre, elle est dite **directe**.
Dans ce cas : $\forall x \in E$, il existe une unique décomposition $x = \sum_{i \in I} x_i$ avec $x_i \in E_i$.

Sous-espaces vectoriels supplémentaires

$$E = \bigoplus_{i \in I} E_i$$

$(E_i)_{i \in I}$: famille de sous-espaces vectoriels d'un espace vectoriel E.
Ils sont dits **supplémentaires** si et seulement s'ils sont en somme directe et que leur somme est égale à E.

Famille génératrice

Soit $(x_i)_{i \in I}$ une famille de vecteurs d'un espace vectoriel de E sur K. On dit que cette famille est **génératrice** si et seulement si tout élément x de E peut s'exprimer comme combinaison linéaire des x_i, c'est-à-dire qu'il existe une famille $(\lambda_i)_{i \in I}$ telle que : $x = \sum_{i \in I} \lambda_i x_i$.

Famille libre

$$\sum_{i \in I} \lambda_i x_i = 0 \Longrightarrow \forall i \in I, \lambda_i = 0$$

$(x_i)_{i \in I}$: famille de vecteurs de E
$(\lambda_i)_{i \in I}$: famille de scalaires de K
Une famille est **libre** si elle vérifie la propriété ci-contre.

Propriétés fondamentales des familles

– Toute sur-famille d'une famille génératrice d'une famille génératrice est génératrice.
– Toute sous famille d'une famille libre est une famille libre.
– Si $(x_1, \ldots, x_n)$ libre et $(x_1, \ldots, x_n, x_{n+1})$ liée, alors $x_{n+1} = \sum_{i=1}^{n} \lambda_i x_i$
– Une famille comportant le vecteur nul est liée.

Base d'un espace vectoriel – Définition

Une **base** de E est une famille de vecteurs $(x_i)_{i \in I}$ de E libre et génératrice.
Autres formulations : une base est une famille libre maximale ou encore une famille génératrice minimale.

Théorie de la dimension

Un K-espace vectoriel est dit de **dimension finie** si et seulement si E admet au moins une famille génératrice de dimension finie.
Soit E un K-espace vectoriel de dimension finie, alors :
1. E admet au moins une base de dimension finie.
2. Toutes les bases de E sont finies et ont le même cardinal appelé **dimension** de E et noté $\dim E$.

Propriétés des familles libres et des familles génératrices

Soient E un K-espace vectoriel de dimension n

– Toute famille libre de E comporte au plus n éléments.

– Toute famille génératrice de E comporte au moins n éléments.

Application linéaire – Définition

$$\forall (x, y) \in E^2, \forall \lambda \in K :$$

$$f(x + \lambda y) = f(x) + \lambda f(y)$$

On dit que f est une application linéaire de E dans F si et seulement si elle vérifie la propriété ci-contre.

Forme linéaire – Définition

On appelle forme linéaire une application linéaire qui va de E dans le corps de référence : K.

Applications linéaires et famille de vecteurs

$\forall f \in \mathcal{L}(E,F)$, et pour toute famille finie $\mathcal{F}$ d'éléments de E :
– $f(\mathrm{Vect}(\mathcal{F})) = \mathrm{Vect}(f(\mathcal{F}))$.
– si $\mathcal{F}$ est liée alors $f(\mathcal{F})$ est liée.
– si $f(\mathcal{F})$ est libre, alors $\mathcal{F}$ est libre.
– si f est bijective, pour toute base $\mathcal{B}$ de E, $f(\mathcal{B})$ est une base de F.

Image et noyau d'une application linéaire – Définition

$$\mathrm{Im}\, f = \{y \in F / \exists x \in E, f(x) = y\}$$

On appelle **image** de f, le sous-espace vectoriel de F noté $\mathrm{Im}\, f$ défini ci-contre.

$$\mathrm{Ker}\, f = \{x \in E / f(x) = 0\}$$

On appelle **noyau** de f, le sous-espace vectoriel de E noté $\mathrm{Ker}\, f$ défini ci-contre.

Noyau d'une forme linéaire

Le noyau d'une forme linéaire, autre que la forme nulle, est un hyperplan.

Rang d'une application linéaire – Définition

Soient E et F deux espaces vectoriels sur K et f une application linéaire de E dans F. Si $\mathrm{Im}\, f$ est de dimension finie, $\dim \mathrm{Im}\, f$ s'appelle **rang** de f et se note $\mathrm{rg}\, f$.

Formule du rang

$$\dim E = \mathrm{rg}\, f + \dim(\mathrm{Ker}\, f)$$

E : espace vectoriel de dimension finie
f : application linéaire
$\mathrm{rg}\, f$: rang de f
$\mathrm{Ker}\, f$: noyau de f

Isomorphisme – Endomorphisme – Automorphisme

– Un **isomorphisme** d'espaces vectoriels est une application linéaire de E dans F bijective.

– Un **endomorphisme** de E est une application linéaire de E dans E.

– Un **automorphisme** est un endomorphisme bijectif. On note $\mathcal{GL}(E)$ l'ensemble des automorphismes de E.

Applications linéaires – Cas de la dimension finie

(1) f isomorphisme
(2) f injective
(3) f surjective
(4) $\text{rg} f = n$

E et F : deux espaces vectoriels de même dimension n sur K
$f \in \mathcal{L}(E, F)$
Les propositions ci-contre sont deux à deux équivalentes.

(1) f automorphisme
(2) f injective
(3) f surjective
(4) $\text{rg} f = n$

E : espace vectoriel de dimension n sur K
$f \in \mathcal{L}(E)$
Les propositions ci-contre sont deux à deux équivalentes.

Image et noyau d'une application linéaire – Propriétés

$$f \text{ surjective} \iff \text{Im} f = F$$
$$f \text{ injective} \iff \text{Ker} f = \{0\}$$

f application linéaire de E dans F.

Projecteur – Définition

$$p^2 = p \quad (1)$$

Un **projecteur** est une application linéaire vérifiant la relation (1).
p est alors le projecteur sur $\text{Im}\, p$ parallèlement à $\text{Ker}\, p$.

Symétrie – Définition

$$s^2 = \text{Id}_E$$

Une **symétrie** est une application linéaire vérifiant la relation ci-contre.

$p = \frac{1}{2}(s + \text{Id}_E)$ est un projecteur.
s est la symétrie par rapport à $\text{Ker}(s - \text{Id}_E)$, parallèlement à $\text{Ker}(s + \text{Id}_E)$

Une symétrie est une application linéaire vérifiant les propriétés ci-contre.

Formule de Grassman

$\dim(A+B) = \dim A + \dim B - \dim(A \cap B)$, où A et B sont deux sous-espaces vectoriels de E de dimensions finies.

1.8 Matrices – Déterminants – Systèmes linéaires

Ensemble des matrices

On note $\mathcal{M}_{m,n}(\mathbb{K})$ l'ensemble des matrices à m lignes et n colonnes.

Matrices et applications linéaires

$$f(e_j) = \sum_{i=1}^{m} a_{ij} f_i$$

f : application linéaire de E dans F, deux espaces vectoriels de dimension finie.
$M = (a_{ij})_{i\in[1,m] j\in[1,n]}$: matrice associée à l'application linéaire f
$\mathcal{B} = (e_j)_{j\in[1,n]}$: base de E
$\mathcal{B}' = (f_i)_{i\in[1,m]}$: base de F

Somme de deux matrices

$$\gamma_{ij} = \alpha_{ij} + \beta_{ij}$$

$M = (\alpha_{ij}) \in \mathcal{M}_{mn}(\mathbb{K})$
$N = (\beta_{ij}) \in \mathcal{M}_{mn}(\mathbb{K})$
$M + N = (\gamma_{ij}) \in \mathcal{M}_{mn}(\mathbb{K})$

Produit d'une matrice par un scalaire

$$M = \lambda N$$

$$(\gamma_{ij}) = (\lambda \cdot \alpha_{ij})$$

$\lambda \in \mathbb{K}$
$M = (\alpha_{ij}) \subset \mathcal{M}_{mn}(\mathbb{K})$
$N = (\gamma_{ij}) \in \mathcal{M}_{mn}(\mathbb{K})$

Produit de matrices

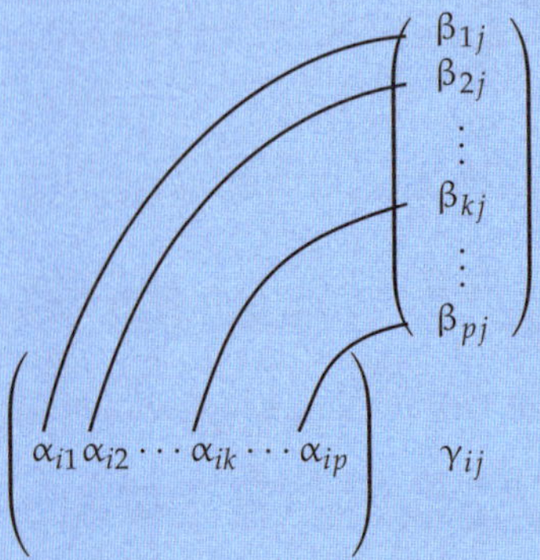

$M = (\alpha_{ik}) \in \mathcal{M}_{mp}(\mathbb{K})$
$N = (\beta_{kj}) \in \mathcal{M}_{pn}(\mathbb{K})$
$MN = (\gamma_{ij}) \in \mathcal{M}_{mn}(\mathbb{K})$

$$\gamma_{ij} = \sum_{k=1}^{p} \alpha_{ik} \cdot \beta_{kj}$$

Propriétés des opérations sur les matrices

$$(M+N)P = MP + NP$$

$(M, N) \in (\mathcal{M}_{mp}(\mathbb{K}))^2$, $P \in \mathcal{M}_{pn}(\mathbb{K})$

$$(\mu M)(\lambda N) = \mu\lambda(MN)$$

$M \in \mathcal{M}_{mp}(\mathbb{K})$
$N \in \mathcal{M}_{pn}(\mathbb{K})$
$(\lambda, \mu)^2 \in \mathbb{K}^2$

$$(MN)P = M(NP)$$

$M \in \mathcal{M}_{mp}(\mathbb{K})$
$N \in \mathcal{M}_{pn}(\mathbb{K})$
$N \in \mathcal{M}_{nq}(\mathbb{K})$

Attention : En général, $MN \neq NM$

Transposée d'une matrice

$$A = (a_{ij})_{\substack{i \in [1,n] \\ j \in [1,p]}}$$

$${}^tA = (a_{ji})_{\substack{j \in [1,p] \\ i \in [1,n]}}$$

$A \in \mathcal{M}_{np}(\mathbb{K})$
${}^tA \in \mathcal{M}_{pn}(\mathbb{K})$: matrice transposée de A

Changement de base

$$A' = Q^{-1}AP$$

A' : matrice d'une application linéaire de E (dans la base base $\mathcal{B}'$) vers F (dans la base base $\mathcal{C}'$)
A : matrice de la même application linéaire de E (dans la base base $\mathcal{B}$) vers F (dans la base base $\mathcal{C}$)
P : matrice de passage de $\mathcal{B}$ à $\mathcal{B}'$
Q : matrice de passage de $\mathcal{C}$ à $\mathcal{C}'$
Dans le cas d'un endomorphisme, $Q = P$ (seulement deux bases sont nécessaires).

Déterminant – Définition

Un déterminant est une forme multilinéaire alternée.
Multilinéarité : $(\det(\alpha_1 V_1, \ldots, \alpha_n V_n) = \alpha_1 \cdot \cdots \cdot \alpha_n \det(V_1, \ldots, V_n))$
Alternée : $V_i = V_j$ avec $i \neq j \Longrightarrow \det(V_1, \ldots, V_n) = 0$
Dans une base $\mathcal{B} = (e_1, \ldots, e_n)$ de E, on note $\det_{\mathcal{B}}$ l'application :

$$\det_{\mathcal{B}}(V_1, \ldots, V_n) = \sum_{\sigma \in \mathfrak{S}_n} \varepsilon(\sigma) a_{\sigma(1)1} \cdots a_{\sigma(n)n}$$

Avec $V_j = \sum_{i_j=1}^{n} a_{i_j j} e_{i_j j}$

Déterminant d'un produit de matrices

$$\det(M \cdot N) = \det M \cdot \det N$$

$M \in \mathcal{M}_n(\mathbb{K})$
$N \in \mathcal{M}_n(\mathbb{K})$

Déterminant et matrice inversible

$$M \text{ inversible } \Longleftrightarrow \det M \neq 0$$

$$\det(M^{-1}) = (\det M)^{-1}$$

$M \in \mathcal{M}_n(\mathbb{K})$ inversible

Matrice inversible – Définition

Une matrice $M \in \mathcal{M}_n(\mathbb{K})$ est dite inversible s'il existe une matrice N telle que :

$$M \cdot N = N \cdot M = I_n$$

La matrice N est alors appelée inverse de M et se note M^{-1}.

Matrices inversibles

Soit $A \in \mathcal{M}_n(\mathbb{K})$ et f un endomorphisme représenté par A dans une base. Les propriétés ci-dessous sont deux à deux équivalentes :
(1) f est bijective.
(2) A est inversible à gauche.
(3) A est inversible à droite.
(4) A est inversible.
(5) A est régulière à gauche.
(6) A est régulière à droite.
(7) A est régulière.

Système linéaire – Définition

$$\begin{cases} a_{11}x_1 & + \cdots + & a_{1p}x_p & = & b_1 \\ \vdots & & \vdots & & \vdots \\ a_{n1}x_1 & + \cdots + & a_{np}x_p & = & b_n \end{cases}$$

On peut interpréter ce système comme le produit de la matrice $A = (a_{ij})_{i \in [1,n] j \in [1,p]}$ par le vecteur $X = (x_i)_{i \in [1,p]}$ (vecteur inconnu). Ce produit est égal au vecteur second membre : $B = (b_i)_{i \in [1,n]}$

Système de Cramer

$$\forall j \in [1, p], x_j = \frac{\det A_j(b)}{\det A}$$

Dans le cas d'un système de Cramer, $n = p = \operatorname{rg} A$.
Le système admet alors une solution unique donnée par les formules de Cramer ci-contre.
$A_j(b)$ est obtenue à partir de A en remplaçant le vecteur colonne c_j par b.

Cas où $\operatorname{rg} A = n < p$

Après permutation des inconnues, on peut supposer que la matrice $A' = (a_{ij})_{\substack{i \in [1,n] \\ j \in [1,n]}}$ extraite de A est inversible. On établit alors le système suivant :

$$\begin{cases} a_{11}x_1 + \cdots + a_{1n}x_n = b_1 - (a_{1n+1}x_{n+1} + \cdots + a_{1p}x_p) \\ \vdots \\ a_{n1}x_1 + \cdots + a_{nn}x_n = b_n - (a_{nn+1}x_{n+1} + \cdots + a_{np}x_p) \end{cases}$$

Ce système est de Cramer et admet donc une solution unique. Cet ensemble est un sous-espace affine de dimension $p - n$.

Cas où $\operatorname{rg} A < n$

Soit on peut se ramener au cas précédent par combinaison linéaire des équations, soit le système n'admet pas de solution.

1.9 Espaces vectoriels euclidiens

Produit scalaire – Définition

Un **produit scalaire euclidien** sur E est une application φ de E^2 dans $\mathbb{R}$ vérifiant :
(1) φ est bilinéaire
(2) φ est symétrique
(3) $\forall x \in E, \varphi(x,x) \geqslant 0$
(4) $\forall x \in E, \varphi(x,x) = 0 \Rightarrow x = 0$

φ vérifiant (3) est dite **positive**
φ vérifiant (4) est dite **définie**
φ vérifiant (3) et (4) est dite **définie-positive**
On note ce produit scalaire $(\cdot|\cdot)$

Forme quadratique

$$\forall x \in E,\ q(x) = \varphi(x,x)$$

φ une forme bilinéaire symétrique sur $E \times E$
$q : E \to \mathbb{R}$: forme quadratique associée à φ

Matrice associée

$$\operatorname{Mat}_{\mathcal{B}}(\varphi) = (\varphi(e_i, e_j))_{\substack{i \in [1,n] \\ j \in [1,n]}}$$

$\operatorname{Mat}_{\mathcal{B}}(\varphi)$: matrice de φ dans $\mathcal{B}$
$\mathcal{B}$: base de E
$\varphi : E \times E \to \mathbb{R}$: forme bilinéaire symétrique.

Expression matricielle

$$\varphi(x, y) = {}^t XAY$$

$\varphi : E \times E \to \mathbb{R}$: forme bilinéaire symétrique
$(x, y) \in E^2$
$X = \mathrm{Mat}_{\mathcal{B}}(x)$
$Y = \mathrm{Mat}_{\mathcal{B}}(y)$

Norme euclidienne – Définition

$$\|x\|_2 = \sqrt{(x|x)}$$

$\| \cdot \|_2$: norme euclidienne sur E
$x \in E$

Inégalité de Cauchy-Schwarz

$$|(x|y)| \leqslant \|x\| \cdot \|y\|$$

$\forall (x, y) \in E^2$

Il y a égalité si et seulement si les vecteurs x et y sont liés.

Inégalité triangulaire ou de Minkowski

$$\|x + y\| \leqslant \|x\| + \|y\|$$

$\forall (x, y) \in E^2$

Il y a égalité si et seulement si les vecteurs x et y sont positivement liés ou si $x = 0$.

Relations entre produit scalaire et norme

$\forall (x, y) \in E^2$:

1. $\|x + y\|^2 = \|x\|^2 + 2(x|y) + \|y\|^2$
2. $\|x - y\|^2 = \|x\|^2 - 2(x|y) + \|y\|^2$
3. $(x|y) = \dfrac{1}{2}\left(\|x + y\|^2 - \|x\|^2 - \|y\|^2\right)$
4. $(x|y) = \dfrac{1}{4}\left(\|x + y\|^2 - \|x - y\|^2\right)$

Vecteurs orthogonaux

Soit $(x, y) \in E^2$, on dit que ces deux vecteurs sont **orthogonaux** si et seulement si $(x|y) = 0$.

Parties orthogonales – Orthogonal d'une partie

$\forall (x,y) \in A \times B, (x\|y) = 0$	x, y : deux vecteurs respectivement de A et de B A, B : deux parties **orthogonales** de E
$A^{\perp} = \{x \in E / \forall y \in A, (x\|y) = 0\}$	$A^{\perp}$: **orthogonal** de la partie A

Inégalité de Bessel

$\sum_{j=1}^{n} \|(e_j\|x)\|^2 \leqslant \\|x\\|^2$	E : espace vectoriel préhilbertien x : vecteur de E $(e_j)_{j \in [1,n]}$: famille orthonormale de E

Projecteur orthogonal

$\operatorname{Ker} p = (\operatorname{Im} p)^{\perp}$ $\operatorname{Im} p = (\operatorname{Ker} p)^{\perp}$	p : **projecteur orthogonal** sur $\operatorname{Im} p$ parallèlement à $\operatorname{Ker} p$

Attention : un projecteur orthogonal n'est pas une application orthogonale.

Diagonalisation d'une matrice symétrique

$$\forall S \in \mathcal{S}_n(\mathbb{R}),\ \exists (\Omega, D) \in \mathcal{O}_n(\mathbb{R}) \times \mathcal{D}_n(\mathbb{R}),\ S = \Omega D \Omega^{-1}$$

$\mathcal{S}_n(\mathbb{R})$: ensemble des matrices symétriques de $\mathbb{R}$

$\mathcal{O}_n(\mathbb{R})$: groupe orthogonal

$\mathcal{D}_n(\mathbb{R})$: ensemble des matrices diagonales de $\mathbb{R}$

Valeurs propres de matrices symétriques

Les valeurs propres d'une matrice $S \in \mathcal{S}_n(\mathbb{R})$ sont réelles.

Endomorphisme adjoint – Définition

$\forall f \in \mathcal{L}(E)$, $\exists ! f^* \in \mathcal{L}(E)$ tel que :

$$\forall (x,y) \in E^2 \ (f(x)|y) = (x|f^*(y))$$

E : espace vectoriel euclidien
$\mathcal{L}(E)$: ensemble des endomorphismes de E
f : endomorphisme de E
f^* : **l'adjoint** de f
x, y : deux vecteurs de E

Automorphismes orthogonaux, symétriques, antisymétriques

(1) $f^* = f^{-1}$
(2) $f^* = f$
(3) $f^* = -f$

Un automorphisme f vérifiant :
– (1) est dit **orthogonal**
– (2) est dit **symétrique** ou **auto-adjoint**
– (3) est dit **antisymétrique**

Définition et propriétés des automorphismes orthogonaux

(1) $\forall (x,y) \in E^2$:
$(f(x)|f(y)) = (x|y)$
(2) $\forall x \in E, \|f(x)\| = \|x\|$
(3) $f \in \mathcal{O}(E)$

Les propriétés (1), (2) et (3) sont équivalentes.
(1) traduit la conservation du produit scalaire.
(2) traduit la conservation de la norme.

$\mathcal{O}(E)$: ensemble des automorphismes orthogonaux de E
$f \in \mathcal{L}(E)$

Caractérisation des automorphismes orthogonaux

$${}^tM \cdot M = I_n \text{ ou } M \cdot {}^tM = I_n$$

$$f^* \circ f = f \circ f^* = \mathrm{Id}_E$$

M : matrice orthogonale de $\mathcal{M}_n(\mathbb{K})$
f : automorphisme orthogonal de E
Id_E : application identité de E
I_n : matrice identité de $\mathcal{M}_n(\mathbb{K})$

1.10 Réduction des endomorphismes

Valeur propre – Définition

$\exists x \in E, x \neq 0$ tel que : $f(x) = \lambda x$	$f \in \mathcal{L}(E)$ $\lambda \in \mathbb{K}$: **valeur propre** de f Autre formulation : $f - \lambda \ \mathrm{Id}_E$ est non injectif.

Spectre d'un endomorphisme

Soit $f \in \mathcal{L}(E)$, on appelle spectre de f noté $\mathrm{Sp}(f)$ l'ensemble :

$$\mathrm{Sp}(f) = \{\lambda \in \mathbb{K}, \exists x \in E \setminus \{0\} / f(x) = \lambda x\}$$

Vecteur propre – Définition

$x \neq 0$ et $\exists \lambda \in \mathbb{K}$ $f(x) = \lambda x$	$x \in E$: **vecteur propre** de f $f \in \mathcal{L}(E)$ (alors $\lambda \in \mathrm{Sp}(f)$)

Sous-espace propre – Définition

$\mathrm{SEP}(f, \lambda) = \mathrm{Ker}(f - \lambda \ \mathrm{Id}_E)$	$\mathrm{SEP}(f, \lambda)$: **sous-espace propre** associé à λ $f \in \mathcal{L}(E)$ $\lambda \in \mathrm{Sp}(f)$

Polynôme caractéristique – Définition

$\chi_A(\lambda) = \det(A - \lambda I_n)$ $\chi_f(\lambda) = \det(f - \lambda \mathrm{Id}_E)$	$\chi_A(\lambda)$: **polynôme caractéristique** de A $\chi_f(\lambda)$: **polynôme caractéristique** de f $f \in \mathcal{L}(E)$ A : matrice d'ordre n associée à f

Polynôme caractéristique – Propriétés

– Le coefficient dominant est $(-1)^n$ – Le coefficient de λ^{n-1} est $(-1)^{n-1} \mathrm{tr}\, A$ – Le terme constant est $\det A$	$A \in \mathcal{M}_n(\mathbb{K})$ $\chi_A(\lambda)$: polynôme caractéristique de A λ : indéterminée du polynôme

Diagonalisabilité

1. f est diagonalisable.
2. Il existe une base de E formée de vecteurs propres de f.
3. La somme des sous-espaces propres pour f est égale à E.
4. La somme des dimensions des sous-espaces propres pour f est égale à $\dim E$.

Les propriétés ci-contre sont deux à deux équivalentes.
E : espace vectoriel de dimension finie
$f \in \mathcal{L}(E)$

Trigonalisation

Soit $f \in \mathcal{L}(E)$, les deux propriétés suivantes sont équivalentes :
1. f est trigonalisable
2. χ_f est scindé sur $\mathbb{K}$

2. Analyse

2.1 Espaces vectoriels normés

Norme – Définition

On appelle **norme** sur un $\mathbb{K}$-espace vectoriel E toute application $N : E \to \mathbb{R}$ vérifiant les trois points suivants :
1. $\forall \lambda \in \mathbb{K}, \forall x \in E, N(\lambda x) = |\lambda| N(x)$
2. $\forall x \in E,\ N(x) = 0 \Longrightarrow x = 0$
3. $\forall (x, y) \in E^2, N(x + y) \leqslant N(x) + N(y)$

Normes équivalentes

Deux normes N_1 et N_2 sont dites équivalentes si et seulement si il existe $(\alpha, \beta) \in {\mathbb{R}_+^*}^2$ tels que :

$$\alpha N_1 \leqslant N_2 \leqslant \beta N_1$$

Distance – Définition

Soit $(E, \|\cdot\|)$ un espace vectoriel normé, on appelle distance associée à la norme $\|\cdot\|$ l'application $d : E^2 \to \mathbb{R}$ définie par $d(x, y) = \|x - y\|$.
La distance possède les propriétés suivantes :
1. $\forall (x, y) \in E^2,\ d(x, y) = d(y, x)$

2. $\forall (x,y) \in E^2,\ d(x,y) = 0 \Longrightarrow x = y$
3. $\forall (x,y,z) \in E^3,\ d(x,z) \leqslant d(x,y) + d(y,z)$
4. $\forall (x,y) \in E^2,\ \forall \lambda \in \mathbb{K},\ d(\lambda x, \lambda y) = |\lambda| d(x,y)$
5. $\forall (x,y,z) \in E^3,\ d(x+z, y+z) = d(x,y)$

Boule ouverte – Définition

$$B(a,r) = \{x \in E / \|a - x\| < r\}$$

Boule fermée – Définition

$$B(a,r) = \{x \in E / \|a - x\| \leqslant r\}$$

Partie bornée – Définition

Soit $(E, \|\cdot\|)$ un $\mathbb{K}$-espace vectoriel, une partie A de E est dite **bornée** si et seulement si :

$$\exists M \in \mathbb{R}^+, \forall (x,y) \in A^2, d(x,y) \leqslant M$$

Partie compacte en dimension finie

Les parties compactes d'un $\mathbb{K}$-espace vectoriel de dimension finie sont les parties fermées bornées.

Normes en dimension finie

Toutes les normes sur un $\mathbb{K}$-espace vectoriel de dimension finie sont équivalentes.

Applications linéaires en dimension finie

Soient E et F deux $\mathbb{K}$-espaces vectoriels normés, si E est de dimension finie, alors toute application linéaire $E \to F$ est continue.

Suites de Cauchy

On appelle **suite de Cauchy** dans un $\mathbb{K}$-espace vectoriel normé toute suite vérifiant :

$$\forall \varepsilon > 0, \exists N \in \mathbb{N}, \forall (p,q) \in \mathbb{N} \times \mathbb{N}^*, p \geqslant N \Longrightarrow \|u_p - u_{p+q}\| \leqslant \varepsilon$$

Toute suite convergente dans un $\mathbb{K}$-espace vectoriel normé est de Cauchy.

Partie complète – Définition

Une partie A d'un $\mathbb{K}$-espace vectoriel normé est dite complète si et seulement si toute suite de Cauchy d'éléments de A converge dans A.

Espace préhilbertien – Espace euclidien

On appelle espace préhilbertien tout couple (E, φ) où E est un $\mathbb{K}$-espace vectoriel et φ un produit scalaire sur E.
On appelle espace euclidien tout espace préhilbertien de dimension finie.

Théorème de Pythagore

Pour toute famille orthogonale finie $(x_i)_{i\in I}$ d'un espace préhilbertien $(E, (\cdot|\cdot))$ on a :

$$\left\|\sum_{i\in I} x_i\right\|^2 = \sum_{i\in I} \|x_i\|^2$$

2.2 Nombres réels

Présentation

$(\mathbb{R}, +, \cdot)$ est un corps commutatif.

$\leqslant$ est une relation d'ordre total dans $\mathbb{R}$.

$$\forall (a,b,c) \in \mathbb{R}^3, \left\{ \begin{array}{l} a \leqslant b \Longrightarrow a + c \leqslant b + c \\ \left\{ \begin{array}{l} a \leqslant b \\ 0 \leqslant c \end{array} \right. \Longrightarrow ac \leqslant bc \end{array} \right.$$

Toute partie non vide majorée de $\mathbb{R}$ admet une borne supérieure dans $\mathbb{R}$.

Distance usuelle dans $\mathbb{R}$

$$d : \begin{array}{l} \mathbb{R} \times \mathbb{R} \to \mathbb{R} \\ (x,y) \mapsto |x-y| \end{array}$$

Le nombre réel $d(x,y)$ est la distance usuelle dans $\mathbb{R}$.

Partie entière – Définition

$$\forall x \in \mathbb{R} :$$

$$\mathrm{E}(x) \leqslant x \leqslant \mathrm{E}(x) + 1$$

$x \in \mathbb{R}$
$\mathrm{E}(x)$: partie entière de x
$\mathrm{E}(x)$ est l'unique entier relatif vérifiant la propriété ci-contre.

2.3 Nombres complexes

Forme cartésienne / Forme polaire d'un nombre complexe

$z = a + \mathrm{i}b$ $z = \rho e^{\mathrm{i}\theta}$	z : nombre complexe ($z \in \mathbb{C}$) a : partie réelle de z ($a \in \mathbb{R}$), on la note aussi $\mathrm{Re}(z)$ b : partie imaginaire de z ($b \in \mathbb{R}$), on la note aussi $\mathrm{Im}(z)$ ρ : module de z, ($\rho \in \mathbb{R}_+$) θ : argument de z, ($\theta \in \mathbb{R}$)

Nombre complexe conjugué – Définition

$z = a + \mathrm{i}b$ $\overline{z} = a - \mathrm{i}b$	$z \in \mathbb{C}$: nombre complexe $\overline{z} \in \mathbb{C}$: nombre complexe conjugué de z a : partie réelle de z et de $\overline{z}$ b : partie imaginaire de z

Nombre complexe conjugué – Propriétés

$z + \overline{z} = 2\mathrm{Re}(z)$ $z - \overline{z} = 2\mathrm{i}\,\mathrm{Im}(z)$	z : nombre complexe $\overline{z}$: nombre complexe conjugué de z
$\overline{z} = z$	si z est réel
$\overline{z} = -z$	si z est imaginaire pur

Module d'un nombre complexe

$\lvert z\rvert^2 = z \cdot \overline{z}$	$\lvert z\rvert$: module de z

Module d'un produit – Module d'un quotient

$\lvert zz'\rvert = \lvert z\rvert \cdot \lvert z'\rvert$ $z' \neq 0 \quad \left\lvert \frac{z}{z'} \right\rvert = \frac{\lvert z\rvert}{\lvert z'\rvert}$	$z \in \mathbb{C}$: nombre complexe $z' \in \mathbb{C}$: nombre complexe

Inégalité triangulaire

$$|z+z'| \leqslant |z| + |z'|$$

$z \in \mathbb{C}$: nombre complexe
$z' \in \mathbb{C}$: nombre complexe

Formule de Moivre

$$(\cos\theta + \mathrm{i}\sin\theta)^n = \cos n\theta + \mathrm{i}\sin n\theta$$

$\theta \in \mathbb{R}$
$n \in \mathbb{Z}$

Formule d'Euler

$$\cos x = \frac{e^{ix} + e^{-ix}}{2}$$

$$\sin x = \frac{e^{ix} - e^{-ix}}{2i}$$

$x \in \mathbb{R}$

Racines nièmes d'un complexe

$$z_k = \sqrt[n]{r}\left(e^{i\frac{\varphi+2k\pi}{n}}\right)$$

Les z_k sont les solutions de l'équation $z^n = re^{i\varphi}$.
$(k, n) \in \mathbb{N}^2$ avec $0 \leqslant k \leqslant n-1$
$z \in \mathbb{C}$
$r \in \mathbb{R}_+$
En particulier, les racines nièmes de l'unité : $z_k = e^{i\frac{2k\pi}{n}}$

2.4 Suites

Convergence – Définition

On dit qu'une suite numérique $(u_n)_{n\in\mathbb{N}}$ **converge** vers une limite $l \in \mathbb{K}$ si et seulement si :

$$\forall \varepsilon > 0, \exists N \in \mathbb{N}, \forall n \geqslant N \in \mathbb{N}, n \Longrightarrow |u_n - l| \leqslant \varepsilon$$

On dit qu'une suite numérique $(u_n)_{n\in\mathbb{N}}$ converge si et seulement si :

$$\exists l \in \mathbb{K}, \forall \varepsilon > 0, \exists N \in \mathbb{N}, \forall n \in \mathbb{N}, n \geqslant N \Longrightarrow |u_n - l| \leqslant \varepsilon$$

Suite bornée

Une suite complexe $(u_n)_{n\in\mathbb{N}}$ est dite **bornée** si et seulement si :

$$\exists M \in \mathbb{R}_+, \forall n \in \mathbb{N}, |u_n| \leqslant M.$$

Théorème d'encadrement

Soient $(u_n)_{n\in\mathbb{N}}, (v_n)_{n\in\mathbb{N}}, (w_n)_{n\in\mathbb{N}}$ trois suites réelles telles que :

$$\begin{cases} \exists N \in \mathbb{N}, \forall n \in \mathbb{N}, n \geqslant N \Longrightarrow u_n \leqslant v_n \leqslant w_n \\ (u_n)_n \text{ et } (w_n)_n \text{ convergent vers une même limite } l \end{cases}$$

Alors $(v_n)_n$ converge aussi vers l.

Suite arithmétique

$$u_n = u_{n-1} + r$$

$$S_n = \frac{(u_1 + u_n)n}{2}$$

u_n : n^{e} terme de la suite
r : raison
u_1 : premier terme de la suite
S_n : somme des n premiers termes de la suite u_n

Suite géométrique

$$u_n = q \cdot u_{n-1}$$

$$S_n = \frac{u_1(q^n - 1)}{q - 1} \quad q \neq 1$$

u_n : n^{e} terme de la suite
q : raison de la suite
u_1 : premier terme de la suite
S_n : somme des n premiers termes de la suite u_n

Suites réelles monotones

On dit que $(u_n)_{n\in\mathbb{N}}$ est **croissante** si et seulement si :

$$\forall n \in \mathbb{N}, u_n \leqslant u_{n+1}$$

On dit que $(u_n)_{n\in\mathbb{N}}$ est **décroissante** si et seulement si :

$$\forall n \in \mathbb{N}, u_n \geqslant u_{n+1}$$

On dit que $(u_n)_{n\in\mathbb{N}}$ est **strictement croissante** si et seulement si :

$$\forall n \in \mathbb{N}, u_n < u_{n+1}$$

On dit que $(u_n)_{n\in\mathbb{N}}$ est **strictement décroissante** si et seulement si :

$$\forall n \in \mathbb{N}, u_n > u_{n+1}$$

On dit que $(u_n)_{n\in\mathbb{N}}$ est **(strictement) monotone** si et seulement si $(u_n)_{n\in\mathbb{N}}$ est (strictement) croissante ou (strictement) décroissante.
Toute suite réelle croissante (respectivement décroissante) et majorée (respectivement minorée) est convergente.

Suites adjacentes

$$\begin{cases} (u_n)_{n\in\mathbb{N}} \text{ est croissante} \\ (v_n)_{n\in\mathbb{N}} \text{ est décroissante} \\ (v_n - u_n) \xrightarrow[n\to+\infty]{} 0 \end{cases}$$

Si deux suites réelles vérifient les propriétés ci-contre, ces suites sont dites **adjacentes**.
Si deux suites sont adjacentes, elles convergent vers la même limite.

Suites extraites

On appelle **suite extraite** de $(u_n)_{n\in\mathbb{N}}$ toute suite $(u_{\sigma(n)})_{n\in\mathbb{N}}$ où $\sigma : \mathbb{N} \to \mathbb{N}$ est une application strictement croissante.
Si une suite $(u_n)_{n\in\mathbb{N}}$ converge vers $l \in \mathbb{K}$, alors toute suite extraite de $(u_n)_{n\in\mathbb{N}}$ converge aussi vers l.

Valeur d'adhérence

On dira que a est une valeur d'adhérence d'une suite $(u_n)_{n\in\mathbb{N}}$ si et seulement s'il existe une suite extraite telle que $u_{\sigma(n)} \xrightarrow[n\to+\infty]{} a$

Théorème de Bolzano-Weierstrass

De toute suite bornée de $\mathbb{R}$ on peut extraire une suite convergente.

2.5 Fonctions réelles de la variable réelle

Application en escalier

On dit qu'une fonction $f : [a;b] \to \mathbb{R}$ est en escalier si et seulement s'il existe une famille $(a_i)_{i\in[0,n]}$ telle que $(a_0, \ldots, a_n) \in [a;b]^{n+1}$ avec $n \in \mathbb{N}^*$ et une famille $(\lambda_0, \ldots, \lambda_{n-1}) \in \mathbb{R}^n$ tels que :

$$\begin{cases} a = a_0 < a_1 < \cdots < a_{n-1} < a_n = b \\ \forall i \in \{0, \ldots, n-1\}, \forall x \in]a_i; a_{i+1}[, f(x) = \lambda_i \end{cases}$$

Application majorée – minorée – bornée

Une fonction $f : X \to \mathbb{R}$ est dite :

– **majorée** si et seulement s'il existe $A \in \mathbb{R}$ tel que $\forall x \in X,\ f(x) \leqslant A$.

– **minorée** si et seulement s'il existe $B \in \mathbb{R}$ tel que $\forall x \in X,\ f(x) \geqslant B$.

– **bornée** si et seulement s'il existe $(A, B) \in \mathbb{R}^2$ tel que $\forall x \in X$, $B \leqslant f(x) \leqslant A$.

Limites

Soit $f : I \to \mathbb{R}$ une application.
On dit que f admet une **limite l en $a \in \overline{I}$** si et seulement si :
$$\forall \varepsilon > 0,\ \exists \eta > 0, \forall x \in I, |x-a| \leqslant \eta \Longrightarrow |f(x)-l| \leqslant \varepsilon$$
On dit que f admet une **limite l en $+\infty$** si et seulement si :
$$\forall \varepsilon > 0,\ \exists A \in \mathbb{R}, \forall x \in I, x \geqslant A \Longrightarrow |f(x)-l| \leqslant \varepsilon$$
On dit que f admet comme **limite $+\infty$ en $a \in \overline{I}$** si et seulement si :
$$\forall A > 0,\ \exists \eta > 0, \forall x \in I, |x-a| \leqslant \eta \Longrightarrow f(x) \geqslant A$$
On dit que f admet comme **limite $+\infty$ en $+\infty$** si et seulement si :
$$\forall A > 0,\ \exists B > 0, \forall x \in I, x \geqslant B \Longrightarrow f(x) \geqslant A$$
On dit que f admet comme **limite $-\infty$ en $-\infty$** si et seulement si :
$$\forall A < 0,\ \exists B < 0, \forall x \in I, x \leqslant B \Longrightarrow f(x) \leqslant A$$

Continuité

soit $f : I \to K, a \in I$, on dit que cette fonction est continue en a si et seulement si :
$$\forall \varepsilon > 0, \exists \eta > 0, \forall x \in I,\ |x-a| \leqslant \eta \Longrightarrow |f(x)-f(a)| \leqslant \varepsilon$$

Discontinuité

Soit $f : I \to K$, on dit que :
– f est **discontinue** en a si et seulement si elle n'est pas continue en a.
– f admet une **discontinuité de première espèce** en a si et seulement si f n'est pas continue en a mais admet une limite finie à droite et une limite finie à gauche en a.
Si f n'est pas continue et ne présente pas de continuité de première espèce en a, on dit que f admet une **discontinuité de seconde espèce** en a.

Composition et continuité

Soient $f : I \to \mathbb{R}$ et $g : J \to K$ où I et J sont deux intervalles de $\mathbb{R}$ tels que $f(I) \subset J$, si f et g sont respectivement continues en a et $f(a)$, alors $g \circ f$ est continue en a.

Continuité sur un segment

Soient $(a,b) \in \mathbb{R}^2$ tel que $a \leqslant b$ et une fonction $f : [a,b] \to \mathbb{R}$. Si f est continue, alors f est bornée et atteint ses bornes.

Continuité uniforme

Soit $f : I \to K$, on dit que cette fonction est **uniformément continue** sur I si et seulement si :

$$\forall \varepsilon > 0, \exists \eta > 0, \forall (x_1, x_2) \in I^2,\ |x_1 - x_2| \leqslant \eta \Longrightarrow |f(x_1) - f(x_2)| \leqslant \varepsilon$$

L'uniforme continuité implique la continuité.

Théorème de Heine

Soient $(a, b) \in \mathbb{R}^2$ tels que $a \leqslant b$ et une fonction $f : [a; b] \to \mathbb{R}$. Si f est continue sur $[a; b]$, alors f est uniformément continue sur $[a; b]$.

Applications lipschitziennes

Soient $f : I \to \mathbb{R}$ et $k \in \mathbb{R}_+^*$, on dit que la fonction f est **k-lipschitzienne** si et seulement si :

$$\forall (x_1, x_2) \in I^2, |f(x_1) - f(x_2)| \leqslant k|x_1 - x_2|$$

Une application lipschitzienne est uniformément continue.

Fonctions trigonométriques circulaires réciproques

$\text{Arcsin} : [-1, 1] \to \left[-\frac{\pi}{2}, \frac{\pi}{2}\right]$

$\forall x \in]-1, 1[$:

$$\text{Arcsin}'(x) = \frac{1}{\sqrt{1 - x^2}}$$

$\text{Arccos} : [-1, 1] \to [0, \pi]$

$\forall x \in]-1, 1[$:

$$\text{Arccos}'(x) = \frac{-1}{\sqrt{1 - x^2}}$$

$\text{Arctan} : \mathbb{R} \to \left]-\frac{\pi}{2}; \frac{\pi}{2}\right[$

$\forall x \in \mathbb{R}$:

$$\text{Arctan}'(x) = \frac{1}{1 + x^2}$$

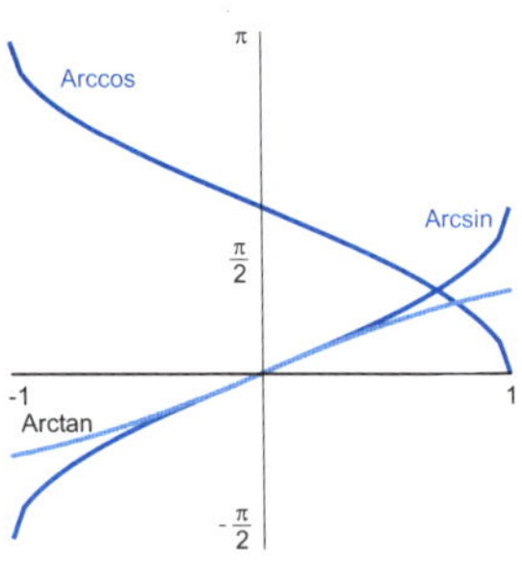

Fonctions hyperboliques

$\text{ch}' x = \text{sh}\, x$

$\text{sh}' x = \text{ch}\, x$

$$\text{th}' x = \frac{1}{\text{ch}^2 x} = 1 - \text{th}^2 x$$

2.6 Dérivation

Dérivée en un point

Soient un point $a \in I$, où I est un intervalle, et une fonction $f : I \to K$. On dit que f est dérivable en a si et seulement si $\lim\limits_{h \to 0} \dfrac{f(a+h) - f(a)}{h}$ existe et est finie. Dans ce cas, cette limite est appelée dérivée de f en a et est notée $f'(a)$.

Dérivation et continuité

Soient un point $a \in I$ et une fonction $f : I \to K$, si f est dérivable en a, alors f est continue en a.

Propriétés des dérivées

Soient f et g deux fonctions de I dans K dérivables en a, alors :

$$(f+g)'(a) = f'(a) + g'(a)$$

$$(\lambda f)'(a) = \lambda f'(a)$$

$$(fg)'(a) = f'(a)g(a) + f(a)g'(a)$$

$$g(a) \neq 0, \ \left(\frac{1}{g}\right)'(a) = -\frac{g'(a)}{g^2(a)}$$

$$g(a) \neq 0, \ \left(\frac{f}{g}\right)'(a) = \frac{f'(a)g(a) - f(a)g'(a)}{g^2(a)}$$

$$(g \circ f)'(a) = g'(f(a))f'(a)$$

Dérivabilité d'une fonction sur un intervalle

$f : I \to K$, où I est un intervalle est dite dérivable sur un intervalle $J \subset I$ si et seulement si : $\forall a \in J$, f est dérivable en a.

Formule de Leibniz

$f : I \to K$ et $g : I \to E$ on suppose que λ et f sont dérivables sur I :

Alors $f \cdot g$ est n fois dérivable sur I et $(f \cdot g)^{(n)} = \sum\limits_{k=0}^{n} C_n^k f^{(k)} \cdot g^{(n-k)}$

Classe d'une fonction

Soient $f : I \to K$ et $k \in \mathbb{N}$, on dit que f est de classe $\mathcal{C}^k$ sur I si et seulement si f est k fois dérivable sur I et $f^{(k)}$ est continue sur I.
Soient $f : [a;b] \to K$ avec $a \leqslant b$ et $k \in \mathbb{N}$, on dit que f est de classe $\mathcal{C}^k$ par morceaux sur $[a;b]$ si et seulement si :
– il existe une famille $(a_0, \ldots, a_p) \in \mathbb{R}^{p+1}$ telle que :
$a = a_0 < a_1 < \cdots < a_{p-1} < a_p = b$
– Chaque restriction de f sur $]a_i; a_{i+1}[$ admet un prolongement de classe $\mathcal{C}^k$ sur $[a_i; a_{i+1}]$, $\forall i \in [0; p-1]$.

Théorème de Rolle

$f : [a,b] \to \mathbb{R}$ continue sur $[a,b]$ et dérivable sur $]a,b[$, $f(a) = f(b)$; alors il existe $c \in]a,b[$ tel que :

$$f'(c) = 0$$

Théorème des accroissements finis

$f : [a,b] \to \mathbb{R}$, avec $(a,b) \in \mathbb{R}^2$ et $a < b$, continue sur $[a,b]$ et dérivable sur $]a,b[$. Il existe $c \in]a,b[$:

$$f(b) - f(a) = (b-a)f'(c)$$

Inégalité de Taylor-Lagrange

$f : [a,b] \to (E, \| \ \|)$ et f de classe $\mathcal{C}^n$ sur $[a,b]$, $(n+1)$ fois dérivable sur $]a,b[$ et telle que $\forall t \in]a,b[$, $\|f^{(n+1)}(t)\| \leqslant M$ alors :

$$\left\| f(b) - \sum_{k=0}^{n} \frac{f^{(k)}(a)}{k!}(b-a)^k \right\| \leqslant M \frac{(b-a)^{n+1}}{(n+1)!}$$

Reste intégral

$f : [a,b] \to (E, \| \ \|)$ de classe $\mathcal{C}^{n+1}$ sur $[a,b]$ alors :

$$f(b) = \sum_{k=0}^{n} \frac{f^{(k)}(a)}{k!}(b-a)^k + \underbrace{\frac{1}{n!}\int_a^b (b-t)^n f^{(n+1)}(t)\,\mathrm{d}t}_{\text{Reste de Laplace}}$$

Formule de Taylor-Young

$f : I \to E$, I un intervalle de $\mathbb{R}$ où $f^{(n)}(a)$ existe :

$$f(x) = \sum_{k=0}^{n} \frac{f^{(k)}(a)}{k!}(x-a)^k + \underset{x \to a}{o}((x-a)^n)$$

Difféomorphisme – Définition

Soient $f : I \to J$ avec I, J deux intervalles de $\mathbb{R}$, $n \in \mathbb{N}^* \cup \{+\infty\}$, on dit que f est un **$\mathcal{C}^k$-difféomorphisme** de I sur J si et seulement si :
- f est de classe $\mathcal{C}^k$ sur I
- f est bijective
- f^{-1} est de classe $\mathcal{C}^k$ sur J

Convexité – Définitions

Soit $f : I \to K$, on dit que cette fonction est convexe si et seulement si :

$$\forall \theta \in [0,1], \forall (x,y) \in I^2, f(\theta x + (1-\theta)y) \leqslant \alpha f(x) + (1-\theta)f(y)$$

2.7 Intégration

Linéarité de l'intégrale

$$\int_a^b (\lambda f + g) = \lambda \int_a^b f + \int_a^b g$$

f et g : deux fonctions continues par morceaux

Inégalité de la moyenne

$$\left|\int_{[a,b]} fg\right| \leqslant \mathrm{Sup}_{[a,b]} |f| \int_{[a,b]} |g|$$

$$\left|\int_{[a,b]} f\right| \leqslant (b-a)\,\mathrm{Sup}_{[a,b]} |f|$$

f, g : deux fonctions continues par morceaux sur $[a,b]$
$[a,b]$: intervalle de $\mathbb{R}$

Inégalité de Cauchy-Schwarz

$$\left(\int_a^b fg\right)^2 \leqslant \left(\int_a^b f^2\right)\left(\int_a^b g^2\right)$$

f, g : deux applications continues par morceaux $[a; b] \to \mathbb{R}$, on a l'inégalité ci-contre.
Si $\exists(\lambda, \mu) \in \mathbb{R}^2 \backslash \{(0,0)\}$ tel que : $\lambda f + \mu g = 0$, il y a égalité.

Sommes de Riemann

$$S_n = \frac{b-a}{n} \sum_{k=0}^{n-1} f\left(a + k\frac{b-a}{n}\right)$$

$$\lim_{n \to +\infty} S_n = \int_a^b f$$

$f : [a, b] \to E$: une fonction continue

Intégration par parties

$$\int_a^b uv' = [uv]_a^b - \int_a^b u'v$$

$u, v : [a, b] \to E$, fonctions continues C^1 par morceaux sur $[a, b]$

Intégrabilité – Définition

$$\int_J f \leqslant M$$

$f : [a, b] \to \mathbb{R}$: fonction positive continue par morceaux.
f est dite intégrable sur $[a, b]$ si et seulement s'il existe un $M \in \mathbb{R}_+$ pour tout segment J inclus dans $[a, b]$, vérifiant l'inégalité ci-contre.

Intégrabilité sur un segment

Soit f une fonction positive continue par morceaux de I dans $\mathbb{R}$. Les propriétés suivantes sont deux à deux équivalentes :
(i) f est intégrable sur I.
(ii) Il existe $M \in \mathbb{R}_+$ tel que, pour toute suite croissante de segments $(J_n)_{n \in \mathbb{N}^*}$ dont la réunion est égale à I : $\forall n \in \mathbb{N}^* \int_{J_n} f \leqslant M$.

Théorème de domination

$$0 \leqslant f \leqslant g \quad (1)$$

$$0 \leqslant \int_I f \leqslant \int_I g \quad (2)$$

Soient f et g deux fonctions continues par morceaux de I dans $\mathbb{R}$ vérifiant (1) et si g intégrable, alors f est intégrable sur I et on a l'inégalité (2).

Exemple de Riemann

Fonctions de Riemann :

$$f(x) = \frac{1}{x^\alpha}$$

Une fonction de Riemann est intégrable sur $[1; +\infty[$ si et seulement si $\alpha > 1$.
Une fonction de Riemann est intégrable sur $]0; 1]$ si et seulement si $\alpha < 1$.

Théorème d'équivalence

Soient $(a, b) \in \mathbb{R} \times \overline{\mathbb{R}}$ tels que $a < b$, f et g deux fonctions positives continues par morceaux de $[a, b[$ dans $\mathbb{R}$ vérifiant en b : $f \underset{b}{\sim} g$, alors f est intégrable sur $[a, b[$ si et seulement si g l'est.

Règle $x^\alpha f(x)$

Intégrabilité en $+\infty$:
– S'il existe $\alpha \in]1, +\infty[$ vérifiant $\lim\limits_{x \to +\infty} x^\alpha f(x) = 0$ alors f est intégrable sur $[a, +\infty[$ avec $a > 0$.
– S'il existe $\alpha \in]-\infty, 1]$ vérifiant $\lim\limits_{x \to +\infty} x^\alpha f(x) = +\infty$ alors f n'est pas intégrable sur $[a, +\infty[$ avec $a > 0$.
Intégrabilité en 0 :
– S'il existe $\alpha \in]-\infty, 1[$ vérifiant $\lim\limits_{x \to 0} x^\alpha f(x) = 0$ alors f est intégrable sur $]0, a]$ avec $a > 0$.
– S'il existe $\alpha \in [1, +\infty[$ vérifiant $\lim\limits_{x \to 0} x^\alpha f(x) = +\infty$ alors f n'est pas intégrable sur $]0, a]$ avec $a > 0$.

Relation de Chasles

$$\int_a^c f = \int_a^b f + \int_b^c f$$

f : une fonction continue par morceaux intégrable sur un intervalle I contenant les intervalles ouverts : $]a, b[$, $]b, c[$ et $]a, c[$.
$(a, b, c) \in \overline{\mathbb{R}}^3$

Croissance de l'intégration

$f \leqslant g \Longrightarrow \int_I f \leqslant \int_I g$	f, g : deux fonctions continues et intégrables sur I

Fonctions continues à valeurs complexes

Soit $f : I \to \mathbb{C}$ une fonction continue. On dira que f est intégrable sur I si et seulement si $|f|$ l'est.

Intégrale impropre

$(a,b) \in \mathbb{R} \times (\mathbb{R} \cup \{+\infty\})$ $\int_a^X f$	f : fonction continue par morceaux sur $[a,b[$ On dit que cette intégrale impropre converge si et seulement si elle admet une limite finie lorsque X tend vers b. On note alors cette intégrale $\int_a^b f$.

Intégrale dépendant d'un paramètre – Définition

$f(x) = \int_I F(x,t)\,\mathrm{d}t$	x : paramètre t : variable d'intégration I : intervalle de $\mathbb{R}$

Continuité d'une intégrale à paramètre

$\forall x \in A,\ F(x,\cdot)$ intégrable sur I $f: \begin{array}{l} A \to \mathbb{K} \\ x \mapsto \int_I F(x,t)\,\mathrm{d}t \end{array}$ est continue sur A	F : fonction continue sur $A \times I$ vérifiant l'hypothèse de domination : Soient $f, g : I \to \mathbb{R}$ continues. Si $\begin{cases} 0 \leqslant f \leqslant g \\ g \text{ est intégrable sur } I \end{cases}$, alors f est intégrable sur I et $\int_I f \leqslant \int_I g$ Sous ces hypothèses, F vérifie les relations ci-contre.

Dérivation d'une intégrale à paramètre

$\forall x \in A$

$F(x,\cdot)$ et $\frac{\partial F}{\partial x}(x,\cdot)$ intégrables sur I

$f : A \to \mathbb{K}$, $x \mapsto \int_I F(x,t)\,\mathrm{d}t$ est de classe $\mathcal{C}^1$ sur A

$\forall x \in A, f'(x) = \int_I \frac{\partial F}{\partial x}(x,t)\,\mathrm{d}t$

F : fonction continue sur $A \times I$ vérifiant une hypothèse de domination sur $A \times I$:

Soient $F, g : I \to \mathbb{R}$ continues.

Si $\begin{cases} 0 \leqslant F \leqslant g \\ g \text{ est intégrable sur } I \end{cases}$, alors

F est intégrable sur I et $\int_I F \leqslant \int_I g$

$\frac{\partial F}{\partial x}$ existe et est continue sur $A \times I$.

$\frac{\partial F}{\partial x}$ vérifie une hypothèse de domination sur $A \times I$.

Sous ces hypothèses, on a les relations ci-contre.

2.8 Équations différentielles

Équations différentielles linéaires du premier ordre

$$\alpha y' + \beta y = \gamma \quad (E)$$

$\alpha, \beta, \gamma : I \to \mathbb{K}$ des applications continues.

y est une solution de cette équation sur $J \subset I$ si et seulement si y est dérivable sur J et si $\forall x \in J$, y vérifie (E).

Équation résolue

Une équation différentielle linéaire du premier ordre est dite **normalisée** ou **résolue** en y' si et seulement si $\alpha = 1$.

Solution d'une équation différentielle linéaire du premier ordre

$$S = \{\lambda e^{-A} + Be^{-A}, \lambda \in \mathbb{K}\}$$

La solution ci-contre est la solution de l'équation résolue avec $\alpha = 1$

A : primitive de β

B : primitive de γe^{A}

La solution de (E) est la somme de la solution générale de l'équation homogène associée à (E) et d'une solution particulière de (E).

Méthode de résolution de E

1. Résolution de l'équation homogène associée, solution de la forme $\lambda y_0(x)$.
2. Réinjecter la solution trouvée dans l'équation complète avec la méthode de variation de la constante qui permet de trouver la fonction qui vérifie l'équation complète.

Théorème de Cauchy-Lipschitz

Soient U un ouvert de $\mathbb{R} \times \mathbb{R}$, $f : U \to E$ une application localement lipschitzienne par rapport à sa seconde variable et continue, un couple $(t_0, y_0) \in U$.
Sous ces conditions, il existe une unique solution maximale au problème de Cauchy, c'est-à-dire vérifiant :

$$\begin{cases} y' = f(t, y) \\ y(t_0) = y_0 \end{cases} \quad \text{(problème de Cauchy)}$$

Et possédant en plus les propriétés suivantes (solution maximale) :
– l'intervalle de définition est un ouvert,
– toute solution du problème de Cauchy est une restriction de cette solution.

Équation différentielle du second ordre homogène

$\alpha y'' + \beta y' + \gamma y = 0$	α, β, γ : fonctions continues $I \to \mathbb{K}$ y : fonction de $J \subset I$ dans $\mathbb{K}$ solution de cette équation

Équation différentielle du second ordre à coefficients constants

$y'' + \beta y' + \gamma y = 0$ $(E_c) : r^2 + \beta r + \gamma$	$(\beta, \gamma) \in \mathbb{R}^2$: coefficients de l'équation différentielle Soit (E_c) l'équation caractéristique associée à l'équation différentielle. Si cette équation caractéristique admet : – deux racines distinctes r_1 et r_2, les solutions de l'équation sont de la forme $\lambda_1 e^{r_1 x} + \lambda_2 e^{r_2 x}$ – une racine double r, les solutions sont de la forme $(\lambda x + \mu)e^{rx}$ – deux racines complexes conjuguées $r = a \pm ib$, les solutions sont de la forme $(\lambda \cos bx + \mu \sin bx)e^{ax}$

Équation du second ordre avec second membre $e^{\gamma x}R(x)$

$y'' + \beta y' + \gamma y = e^{mx}P(x)$	$(\beta,\gamma,m) \in \mathbb{K}^3$: coefficients constants de l'équation différentielle $P \in \mathbb{K}[X]$ L'équation différentielle admet une solution de la forme $e^{mx}S(x)$ avec $S \in \mathbb{K}[X]$: – $\deg S = \deg P$ si m n'est pas racine de (E_c) – $\deg S = 1 + \deg P$ si m est racine simple de (E_c) – $\deg S = 2 + \deg P$ si m est racine double de (E_c)

Résolution grâce aux séries entières

Lorsque les coefficients et le second membre de l'équation différentielle sont constitués par des polynômes, on peut chercher les solutions sous la forme de séries entières, on obtient ainsi une relation de récurrence sur les coefficients. Une fois ces coefficients calculés, le rayon de convergence déterminés et, si possible, la somme calculée, on a une solution de l'équation différentielle.

Système d'équations différentielles du premier ordre

Soit I un intervalle de $\mathbb{R}$, $B = (b_i)_{i\in[1;n]}$ un vecteur de E et $A = (a_{ij})_{\substack{i\in[1;n]\\ j\in[1;n]}} : I \to E$ une application continue. On appelle système d'équations différentielles du premier ordre le système :

$$\begin{pmatrix} y_1'(t) \\ \vdots \\ y_n'(t) \end{pmatrix} = \begin{pmatrix} a_{11}(t) & \cdots & a_{1n}(t) \\ \vdots & & \vdots \\ a_{n1}(t) & \cdots & a_{nn}(t) \end{pmatrix} \begin{pmatrix} y_1(t) \\ \vdots \\ y_n(t) \end{pmatrix} + \begin{pmatrix} b_1(t) \\ \vdots \\ b_n(t) \end{pmatrix}$$

Résolution dans le cas où A est diagonalisable

Dans le cas où $A \in \mathcal{M}_n(\mathbb{K})$, si A est diagonalisable, le système homogène admet une solution du type :

$$Y = \sum_{i=1}^{n} c_i e^{\lambda_i t} V_i$$

λ_i : valeur propre de A

c_i : constante liée aux conditions initiales
V_i : colonne de la matrice de passage de A à la matrice diagonale associée.

2.9 Séries

Définition

$$S_N = \sum_{n=0}^{N} u_n$$

On appelle série le couple $((u_n), (S_n))$.
S_N : somme partielle d'ordre N
u_n : terme général de la série

Condition nécessaire de convergence

Une condition nécessaire **mais non suffisante** de convergence d'une série est que $\lim\limits_{n \to +\infty} u_n = 0$. Si le terme général de la série ne tend pas vers zéro, la série est dite grossièrement divergente.

Changement d'indice de départ

Soit $\sum\limits_{n \geqslant 0} u_n$ une série de E et $n_0 \in \mathbb{N}$, les séries $\sum\limits_{n \geqslant 0} u_n$ et $\sum\limits_{n \geqslant n_0} u_n$ sont de même nature.

Série géométrique

$$S = \sum_{n=0}^{+\infty} u_n = \frac{1}{1 - u_0} \quad (1)$$

u_0 : terme général de la suite de rang 0
u_n : terme général de la suite, $u_n = (u_0)^n$
Une **condition nécessaire et suffisante** de convergence d'une telle série est $|u_0| < 1$. Dans ce cas, la série vérifie (1).

Série à termes positifs

Une série à termes positifs converge si et seulement sila suite des sommes partielles est majorée.

Série de Riemann

$$\sum_{n\geqslant 1} \frac{1}{n^\alpha} (1)$$

Une série vérifiant (1) est dite de Riemann. Une telle série converge si et seulement si :

$$\alpha > 1$$

Valeur remarquable : $\sum_{n=1}^{+\infty} \frac{1}{n^2} = \frac{\pi^2}{6}$

Série de Bertrand

$$\sum_{n=2}^{+\infty} \frac{1}{n^\alpha (\ln n)^\beta}$$

On appelle série de Bertrand la série définie ci-contre.
Cette série converge si et seulement si :
$\alpha > 1$
$\alpha = 1$ et $\beta > 1$

Comparaison de deux séries à termes positifs

$\forall n \in \mathbb{N}$:

$$0 \leqslant u_n \leqslant v_n \quad (1)$$

u_n : terme général de la série S
v_n : terme général de la série S'
Si (1) est vérifiée et si S' converge, alors S converge.
Remarque : Si S diverge et (1) est vérifiée, la série S' diverge.

Règle de d'Alembert

Soit une série de terme général u_n telle que $\left|\frac{u_{n+1}}{u_n}\right| \xrightarrow[n\to+\infty]{} \beta$:

- Si $\beta < 1$ la série de terme général u_n converge ;
- Si $\beta > 1$ la série de terme général u_n diverge grossièrement ;
- Si $\beta = 1$ on ne peut rien dire de la nature de la série.

Séries de même nature

Soit $\sum u_n$ et $\sum v_n$ deux séries réelles à termes positifs telles que, au voisinage de $+\infty$, $v_n \geqslant 0$, et $u_n \sim v_n$. Alors, on a également $u_n \geqslant 0$ au voisinage de $+\infty$ et les deux séries sont de même nature (elles convergent ou divergent en même temps).

Série alternée

$$\left|\sum_{n=p+1}^{+\infty} u_n\right| \leqslant |u_{p+1}|$$

Une série de terme général u_n est dite **alternée** si et seulement si la suite $(-1)^n u_n$ est de signe constant.
Une telle série converge si :
1. $\lim\limits_{n\to+\infty} u_n = 0$
2. la suite $(|u_n|)_{n\in\mathbb{N}}$ est décroissante.

Sous ces hypothèses, la série vérifie la relation ci-contre.

Critère de Cauchy

$$\forall\varepsilon > 0,\ \exists N \in \mathbb{N}, \forall(p,q) \in \mathbb{N}^2 :$$

$$N \leqslant p < q \Longrightarrow \left\|\sum_{n=p+1}^{q} u_n\right\| \leqslant \varepsilon$$

Le critère ci-contre est une condition nécessaire et suffisante de convergence pour une série dans un **espace de Banach** (K-espace vectoriel normé complet).

Convergence absolue – Semi convergence

Une série est dite **absolument convergente** si et seulement si la série de terme général $|u_n|$ converge.
Une série alternée est dite **semi-convergente** si et seulement la série de terme général u_n converge alors que celle de terme général $|u_n|$ diverge.

Séries doubles – Interversion des sommations

Soit une suite double d'éléments de $\mathbb{K}$: $(u_{p,q})_{(p,q)\in\mathbb{N}^2}$ que l'on suppose sommable (c'est-à-dire $\exists M \in \mathbb{R}_+ / \forall J \subset \mathbb{N} \sum\limits_{\substack{p\in J\\ q\in J}} u_{pq} \leqslant M$), alors :

1. $\forall q \in \mathbb{N}$, $\sum\limits_{p\geqslant 0} u_{p,q}$ est convergente et la série $\sum\limits_{q\geqslant 0}\left(\sum\limits_{p=0}^{+\infty} u_{p,q}\right)$ est convergente.

2. $\forall p \in \mathbb{N}$, $\sum_{q\geqslant 0} u_{p,q}$ est convergente et la série $\sum_{p\geqslant 0}\left(\sum_{q=0}^{+\infty} u_{p,q}\right)$ est convergente.

3. $\sum_{(p,q)\in\mathbb{N}^2} u_{p,q} = \sum_{p=0}^{+\infty}\left(\sum_{q=0}^{+\infty} u_{p,q}\right) = \sum_{q=0}^{+\infty}\left(\sum_{p=0}^{+\infty} u_{p,q}\right)$.

Produit de Cauchy

$$w_n = \sum_{k=0}^{n} u_k \cdot v_{n-k} \quad (1)$$

$$\sum_{n=0}^{+\infty} w_n = \left(\sum_{n=0}^{+\infty} u_n\right)\left(\sum_{n=0}^{+\infty} v_n\right) \quad (2)$$

On appelle produit de Cauchy des deux séries de terme général u_n et v_n la série dont le terme général vérifie (1).
Si les deux séries de terme général u_n et v_n sont absolument convergentes, alors la série w_n est elle aussi absolument convergente et vérifie (2).

2.10 Séries entières

Série entière

$$S(z) = \sum_{n=0}^{+\infty} a_n z^n$$

$S(z)$: somme de la série entière
a_n : coefficient de la série entière
z : variable de la série entière

Rayon de convergence – Définition

$$I = \{r \in \mathbb{R}_+ / \sum_{n=0}^{+\infty} |a_n| r^n \text{ converge}\}$$

La borne supérieure de l'intervalle I dans $\overline{\mathbb{R}}$ est appelée **rayon de convergence** de la série $\sum a_n z^n$, on le note $R = \text{Sup}\, I$.

Série entière somme

Soient deux séries entières $\sum_{n\geqslant 0} a_n z^n$ et $\sum_{n\geqslant 0} b_n z^n$, on appelle série entière somme la série $\sum_{n\geqslant 0} (a_n + b_n) z^n$.

Soit R_a et R_b les deux rayons de convergence respectifs de ces deux séries, on a $R_{a+b} \geqslant \min(R_a, R_b)$ (avec égalité si $R_a \neq R_b$).

Lemme d'Abel

Soit $r_0 > 0$, si la suite $(|a_n| r_0^n)_{n\in\mathbb{N}}$ est majorée, alors $\forall r \in [0, r_0[$ la série $\sum |a_n| r^n$ est convergente.

Dérivation d'une série entière

$$S'(x) = \sum_{n=0}^{+\infty} (n+1) a_{n+1} x^n$$

S : série de terme général $a_n x^n$
S' : dérivée de la série S
La série dérivée a le même rayon de convergence que la série à dériver.

Intégration d'une série entière

$$\int_0^x \left(\sum_{n=0}^{+\infty} a_n z^n \right) \mathrm{d}z = \sum_{n=0}^{+\infty} \frac{a_n}{n+1} x^{n+1}$$

La série des intégrales a le même rayon de convergence que la série intégrée.

Développement en série entière d'une fonction

Une fonction $f : \mathbb{R} \to \mathbb{R}$ est dite **développable en série entière** autour d'un point $x_0 \in \mathbb{R}$ si et s'il existe une série entière $\sum_{n\geqslant 0} a_n x^n$ de rayon de convergence $R > 0$ telle que :

$$\forall x \in]x_0 - R; x_0 + R[, f(x) = \sum_{n=0}^{+\infty} a_n (x - x_0)^n$$

Le développement en série entière est unique.

Développement en série entière d'une fraction rationnelle

Une fraction rationnelle R est développable en série entière autour de 0 si et seulement si 0 n'est pas un pôle de cette fraction rationnelle. Le rayon de convergence du développement en série entière est alors égal au plus petit module des pôles complexes de la fraction rationnelle.

2.11 Suites et séries d'applications

Convergence simple – Définition

$$\forall \varepsilon > 0, \forall x \in D, \exists n_0 \in \mathbb{N}, \forall n \geqslant n_0 :$$

$$|f_n(x) - f(x)| \leqslant \varepsilon$$

$(f_n : X \to E)_{n \in \mathbb{N}}$: suite d'applications
E : un $\mathbb{K}$-espace vectoriel normé
f : limite de la suite d'applications dans D (domaine de convergence)
D : domaine de convergence

Convergence uniforme – Définition

$$\forall \varepsilon > 0, \exists n_0 \in \mathbb{N}, \forall x \in D, \forall n \geqslant n_0 :$$

$$|f_n(x) - f(x)| \leqslant \varepsilon$$

$(f_n : X \to E)_{n \in \mathbb{N}}$: suite d'applications
E : un $\mathbb{K}$-espace vectoriel normé
f : limite de la suite d'applications dans D (domaine de convergence)

Convergence uniforme et convergence simple

Si $(f_n)_{n \in \mathbb{N}}$ converge uniformément vers f sur X , il y a également convergence simple de $(f_n)_{n \in \mathbb{N}}$ vers f dans ce même domaine.

Propriété de la convergence uniforme

Si les fonctions f_n sont continues (respectivement admettent une limite en a), alors la limite uniforme (si elle existe) de ces fonctions f est continue (respectivement admet une limite en a).

Convergence uniforme et intégration sur un segment

f est continue sur $[a, b]$

$\left(\int_a^b f_n\right)_{n \in \mathbb{N}}$ converge dans E

$$\int_a^b f = \lim_{n \to +\infty} \int_a^b f_n$$

$(f_n : X \to E)_{n \in \mathbb{N}}$: suite d'applications continues convergeant uniformément vers f sur X.
E : un $\mathbb{K}$-espace vectoriel normé
f : limite de la suite d'applications
Sous ces hypothèses, f vérifie les propriétés énoncées ci-contre.

Convergence uniforme et dérivation

$(f_n)_{n\in\mathbb{N}}$ converge uniformément sur tout segment de I vers f
f est de classe $\mathcal{C}^1$ sur I
$f' = g$

$(f_n : X \to E)_{n\in\mathbb{N}}$: suite d'applications $\mathcal{C}^1$ convergeant simplement vers f sur X
$(f'_n)_{n\in\mathbb{N}}$: converge uniformément vers une application notée g
Sous ces hypothèses, f vérifie les propriétés énoncées ci-contre.

Soit $(f_n : X \to E)_{n\in\mathbb{N}}$ une suite d'applications $\mathcal{C}^1$ sur$X$ convergeant simplement vers f sur X.

Soit $(f'_n)_{n\in\mathbb{N}}$ une suite de fonctions qui converge uniformément sur tout segment de X vers une application g.

Soit f la limite de la suite d'applications vérifiant les hypothèses précédentes. Sous ces hypothèses, on a f de classe $\mathcal{C}^1$ sur X et $f' = g$.

Théorème de convergence monotone

$$\int_I f = \mathrm{Sup}_{n\in\mathbb{N}} \int_I f_n = \lim_{n\to+\infty} \int_I f_n$$

$\forall n \in \mathbb{N},\ f_n$ est continue par morceaux et intégrable sur I.
$(f_n)_{n\in\mathbb{N}}$ vérifie une **hypothèse de monotonie** : $\forall n \in \mathbb{N}, f_n \leqslant f_{n+1}$.
$(f_n)_{n\in\mathbb{N}}$ converge simplement sur I vers une application notée f continue par morceaux sur I.
Sous ces hypothèses, f **est intégrable** si et seulement si la suite $\left(\int_I f_n\right)_{n\in\mathbb{N}}$ et vérifie alors les propriétés ci-contre.

Théorème de convergence dominée

$$\int_I f = \lim_{n\to+\infty} \int_I f_n$$

$\forall n \in \mathbb{N},\ f_n$ est continue par morceaux sur I.
$(f_n)_{n\in\mathbb{N}}$ converge simplement sur I vers une application notée f continue par morceaux sur I.
$(f_n)_{n\in\mathbb{N}}$ vérifie une **hypothèse de domination** : $\forall n \in \mathbb{N}, |f_n| \leqslant \varphi$ où φ est une fonction continue par morceaux positive et intégrable sur I.
Sous ces hypothèses, f vérifie la propriété ci-contre.

Séries d'applications : convergence simple – Définition

On dit qu'une série d'applications **converge simplement** si et seulement si la suite des sommes partielles $(S_n(x))_{n\in\mathbb{N}}$, avec $S_n(x) = \sum_{k=0}^{n} f_k(x)$, converge simplement.

Séries d'applications : convergence absolue – Définition

On dit qu'une série d'applications **converge absolument** si et seulement si la suite des sommes partielles $(S_n(x))_{n\in\mathbb{N}}$, avec $S_n(x) = \sum_{k=0}^{n} \|f_k(x)\|$, converge absolument.

Séries d'applications : convergence uniforme – Définition

On dit qu'une série d'applications converge uniformément si et seulement si la suite des sommes partielles $(S_n(x))_{n\in\mathbb{N}}$, avec $S_n(x) = \sum_{k=0}^{n} f_k(x)$, converge uniformément.

Séries d'applications : convergence normale – Définition

$$\exists n_0 \in \mathbb{N} : \sum_{n\geqslant n_0} \|f_n\|_\infty \text{ converge}$$

On dit que $\sum_n f_n$ converge normalement et seulement si elle vérifie la propriété ci-contre.

Convergences normale, uniforme et simple

La convergence normale entraîne la convergence uniforme qui elle-même entraîne la convergence simple.

Convergence uniforme – Limite et continuité

Si $\sum_{n\geqslant 0} f_n$ converge uniformément sur X et si $\forall n \in \mathbb{N}$, f_n est continue en a (respectivement admet une limite en a), alors $\sum_{n\geqslant 0} f_n$ est continue en a (respectivement admet une limite en a).

Convergence uniforme et intégration sur un segment

$\sum_{n=0}^{+\infty} f_n$ est continue sur $[a, b]$

$\sum_{n\geqslant 0} \left(\int_a^b f_n(x)\,\mathrm{d}x \right)$ converge dans E

$$\int_a^b \left(\sum_{n=0}^{+\infty} f_n(x) \right) \mathrm{d}x = \sum_{n=0}^{+\infty} \int_a^b f_n(x)\,\mathrm{d}x$$

$(f_n)_{n\in\mathbb{N}}$: série d'applications avec f_n continue sur $[a, b]$
$\sum_{n=0}^{+\infty} f_n$ converge uniformément sur $[a, b]$
Sous ces hypothèses, la série de fonctions vérifie les propriétés ci-contre.

Convergence uniforme et dérivation

$\sum_{n\geqslant 0} f_n$ converge uniformément sur tout segment I

$\sum_{n=0}^{+\infty} f_n$ est de classe $\mathcal{C}^1$ sur I

$$\left(\sum_{n=0}^{+\infty} f_n \right)' = \sum_{n=0}^{+\infty} f_n'$$

$\sum_{n\geqslant 0} f_n$: série d'applications convergeant simplement sur I
$f_n : I \to E$ de classe $\mathcal{C}^1$
$\sum_{n\geqslant 0} f_n'$ converge uniformément sur tout segment de I.
Sous ces hypothèses, f_n et f_n' vérifient les propriétés ci-contre.

Intégration sur un intervalle quelconque des fonctions

$\sum_{n=0}^{+\infty} f_n$ est intégrable sur I

$$\int_I \left| \sum_{n=0}^{+\infty} f_n \right| \leqslant \sum_{n=}^{+\infty} \int_I |f_n|$$

$$\int_I \sum_{n=0}^{+\infty} f_n = \sum_{n=0}^{+\infty} \int_I f_n$$

$\sum_{n \geqslant 0} (f_n)$: série d'applications convergeant simplement sur I
$f_n : I \to E$: fonction continue par morceaux sur I
$\sum_{n \geqslant 0} \int_I |f_n|$ converge
Sous ces hypothèses, f_n vérifie les propriétés ci-contre.

2.12 Séries de Fourier

Coefficients de Fourier exponentiels

$$c_n(f) = \frac{1}{2\pi} \int_0^{2\pi} f(x) \mathrm{e}^{-\mathrm{i}nx} \, \mathrm{d}x$$

c_n : coefficient de Fourier exponentiel
f : fonction 2π-périodique continue par morceaux à valeurs complexes
$n \in \mathbb{Z}$

Coefficients de Fourier trigonométriques

$$a_n(f) = \frac{1}{\pi} \int_0^{2\pi} f(x) \cos(nx) \, \mathrm{d}x$$

$$b_n(f) = \frac{1}{\pi} \int_0^{2\pi} f(x) \sin(nx) \, \mathrm{d}x$$

a_n : coefficient de Fourier trigonométrique en cosinus
b_n : coefficient de Fourier trigonométrique en sinus
f : fonction dont on souhaite obtenir les coefficients de Fourier
Lorsque la fonction f est paire (respectivement impaire), les coefficients b_n (respectivements a_n) sont nuls.

Théorème de Dirichlet

Si f est de classe $\mathcal{C}^1$ par morceaux et 2π-périodique, pour tout réel x, on a l'égalité suivante :

$$S(x) = \sum_{n=-\infty}^{+\infty} c_n e^{inx} = \frac{a_0}{2} + \sum_{n=1}^{+\infty} a_n \cos nx + \sum_{n=1}^{+\infty} b_n \sin nx$$
$$S(x) = \frac{1}{2}\left(f(x^-) + f(x^+)\right)$$

Dans ce cas, il y a convergence simple de la série vers $S(x)$.

Égalité de Parseval

Si f est continue par morceaux, on a l'égalité suivante :

$$\frac{1}{2\pi}\int_0^{2\pi} |f(x)|^2 \,dx = \frac{|a_0|^2}{4} + \sum_{n=1}^{+\infty} \frac{|a_n|^2 + |b_n|^2}{2} = \sum_{n=-\infty}^{+\infty} |c_n|^2$$

Convergence normale

Si f est continue et de classe $\mathcal{C}^1$ par morceaux sur $\mathbb{R}$, la série de Fourier de f est normalement convergente sur $\mathbb{R}$ et a pour somme f.

2.13 Fonctions de plusieurs variables

Dérivée partielle

$$\mathrm{D}_j f(a) = \frac{\partial f}{\partial x_j}(a) = \lim_{\substack{t\to 0\\ t\neq 0}} \frac{f(a_1,\ldots,a_j+t,\ldots,a_n) - f(a_1,\ldots,a_n)}{t}$$

f : une fonction de plusieurs variables.
On définit ci-dessus la dérivée partielle par rapport à la variable x_j (sa j^{e} variable) de la fonction f en un point $a = (a_1,\ldots,a_n)$.

Dérivée selon un vecteur

On dit que f admet une dérivée en a selon un vecteur v que l'on note $\mathrm{d}_v f(a)$ si et seulement si la limite suivante existe :

$$\lim_{t\to 0} \frac{1}{t}\left(f(a+tv) - f(a)\right)$$

Si elle existe, cette limite est $\mathrm{d}_v f(a)$.

Théorème fondamental

Soit U un ouvert de $\mathbb{R}^p$, si $f : U \to \mathbb{R}^n$ est de classe $\mathcal{C}^1$ sur $\mathbb{R}^p$, alors f admet en tout point a de $\mathbb{R}^p$, une dérivée selon tout vecteur h et $\mathrm{D}_h f(a) = \displaystyle\sum_{j=1}^{p} h_j \mathrm{D}_j f(a)$.

Gradient

$$\mathbf{grad} f = \left(\frac{\partial f}{\partial x}(x,y), \frac{\partial f}{\partial y}(x,y)\right)$$

$f : U \to \mathbb{R}$: fonction de classe $\mathcal{C}^1$ sur U
U : ouvert de $\mathbb{R}^2$
$\mathbf{grad} f$: gradient de f
Alors : $D_v f(a) = (\mathbf{grad} f(a)) \cdot v$

Différentielle d'une fonction de deux variables

$$\mathrm{d}f = \frac{\partial f}{\partial x}\,\mathrm{d}x + \frac{\partial f}{\partial y}\,\mathrm{d}y$$

$f : U \to \mathbb{R}$: fonction de classe $\mathcal{C}^1$ sur U
U : ouvert de $\mathbb{R}^2$

Applications de classe $\mathcal{C}^k$

On dit que f est de classe $\mathcal{C}^k$, avec $k \in \mathbb{N}^*$ sur U si et seulement si f admet des dérivées partielles successives sur U jusqu'à l'ordre k et ce, quel que soit l'ordre de dérivation, et chacune de ces dérivées partielles est continue sur U.

Théorème de Schwarz

$$\frac{\partial^2 f}{\partial x_j \partial x_i} = \frac{\partial^2 f}{\partial x_i \partial x_j}$$

f : fonction $\mathcal{C}^2$ sur $\mathbb{R}^p$.

Extremum local

On dira que $f : U \to \mathbb{R}^2$ admet un extremum local sur $X \subset U$ en un point $a \in X$ si et seulement si $\forall x \in X,\ f(x) \leqslant f(a)$ (f admettant alors un maximum en a) ou $\forall x \in X,\ f(x) \geqslant f(a)$ (f admettant alors un minimum en a).

3. Géométrie

3.1 Courbes du plan

Point régulier – Point birégulier

Un point $M(t)$ est dit **régulier** si et seulement s'il vérifie $f'(t) \neq 0$; il est dit birégulier si et seulement si la famille $(f'(t), f''(t))$ est libre.

Tangente – Définition

$$\mathbf{M_0P} = \lambda \mathbf{f}'(t_0)$$

Si $\mathbf{f}'(t_0) \neq 0$, la tangente en un point M de coordonnées t_0 est l'ensemble des points P vérifiant la propriété ci-contre avec $\lambda \in \mathbb{R}$.
Si cette limite n'existe qu'en t_0^+ (respectivement en t_0^-), on dira que la courbe admet une demi-tangente en $M(t_0^+)$ (respectivement en $M(t_0^-)$). Si les limites en t_0^+) et en t_0^- sont différentes, la courbe admet deux demi-tangentes en M.

Position d'un arc par rapport à la tangente

Dans les figures ci-dessous, $f^{(p)}(t_0)$ et $f^{(q)}(t_0)$ représentent les deux premiers vecteurs dérivés non nuls.

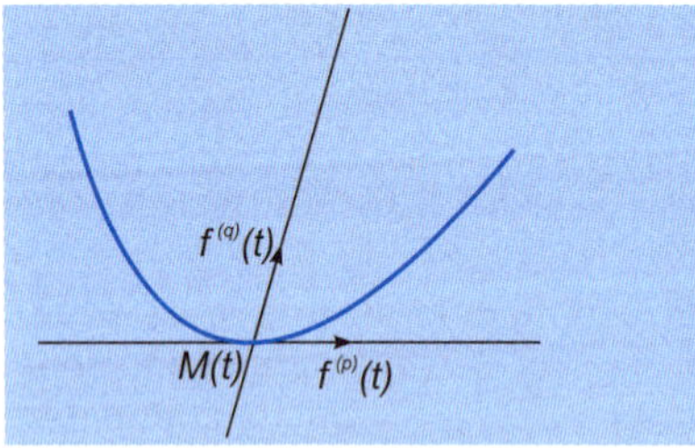

p impair, q pair : allure générale

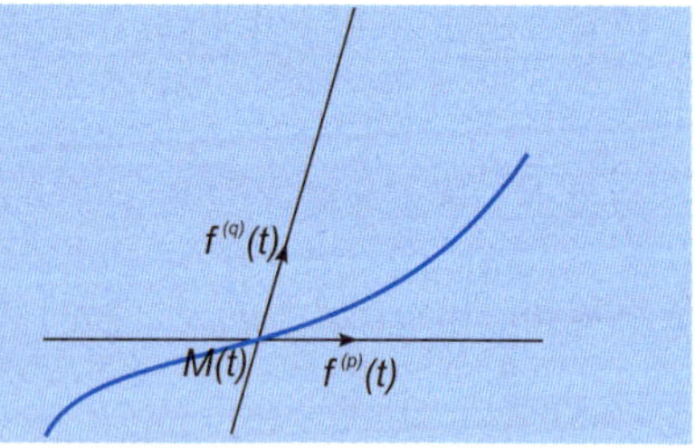

p impair, q impair : point d'inflexion

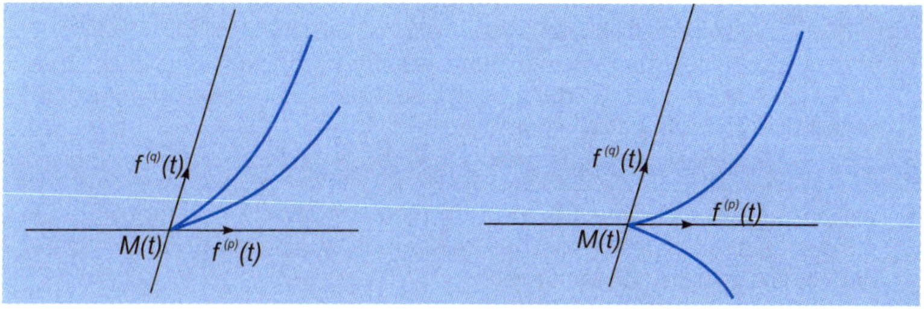

p pair, q pair point de rebroussement de seconde espèce

p pair, q impair : point de rebroussement de première espèce

Branche infinie – Définition

On dit que la courbe Γ admet une branche infinie en t_0 si et seulement si $\lim\limits_{t \to t_0} \|f(t)\| = +\infty$.

Direction asymtotique – Asymptote

Si la branche infinie forme un angle θ_0 par rapport à l'axe des abscisses, pour savoir s'il s'agit d'une asymptote ou d'une direction asymptotique, on étudie la limite :

$$Y = \lim_{\theta \to \theta_0} \rho \sin(\theta - \theta_0)$$

Si cette limite vaut $+\infty$, il s'agit d'une direction asymptotique, si la limite vaut 0, il s'agit d'une asymptote, si la limite vaut b avec $b \in \mathbb{R}$, la droite d'équation $y = \theta_0 x + b$ est asymptote à la courbe.

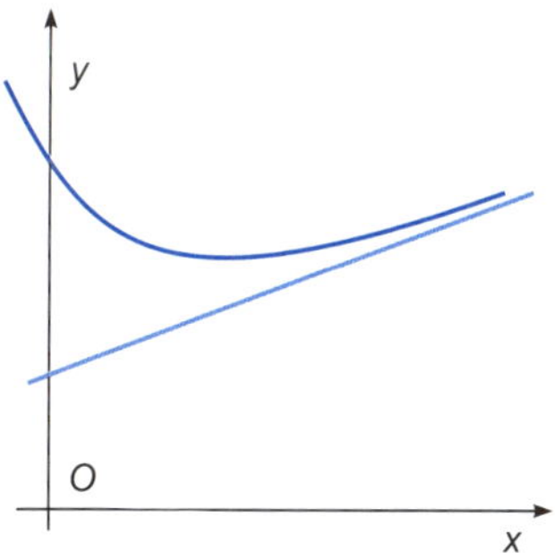

Branche parabolique

O dira que la courbe Γ admet une **branche parabolique** quand t tend vers t_0 si cette même courbe admet une direction asymptotique quand t tend vers t_0 mais pas d'asymptote.

Symétries

Soit $\varphi : t \mapsto \varphi(t)$ une fonction de changement de paramétrage. On donne ci-dessous les symétries classiques qui permettent de limiter l'intervalle d'étude de la courbe :

$\begin{cases} x(\varphi(t) = x(t) \\ y(\varphi(t) = y(t) \end{cases}$	Identité
$\begin{cases} x(\varphi(t) = -x(t) \\ y(\varphi(t) = -y(t) \end{cases}$	Symétrie par rapport à l'origine
$\begin{cases} x(\varphi(t) = y(t) \\ y(\varphi(t) = x(t) \end{cases}$	Symétrie par rapport à la première bissectrice
$\begin{cases} x(\varphi(t) = -x(t) \\ y(\varphi(t) = y(t) \end{cases}$	Symétrie par rapport à l'axe des ordonnées
$\begin{cases} x(\varphi(t) = x(t) \\ y(\varphi(t) = -y(t) \end{cases}$	Symétrie par raport à l'axe des abscisses

Coordonnées polaires

$$\begin{cases} \rho = \sqrt{x^2 + y^2} \\ x = \rho \cos \theta \\ y = \rho \sin \theta \end{cases}$$

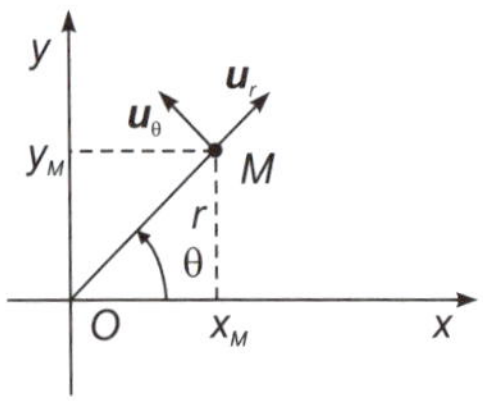

Équations en coordonnées polaires

La droite :

$$\rho = \frac{1}{\lambda \cos\theta + \mu \sin\theta}$$

$(\lambda, \mu) \in \mathbb{R}^2$
Cette équation représente la droite d'équation cartésienne $\lambda x + \mu y - 1 = 0$.

Le cercle :

$$\rho = \lambda \cos\theta + \mu \sin\theta$$

$(\lambda, \mu) \in \mathbb{R}^2$
Cette équation représente le cercle centré en O d'équation cartésienne $x^2 + y^2 - \lambda x - \mu y = 0$.

Conique dont le foyer est à l'origine :

$$\rho = \frac{p}{1 + e\cos(\theta - \varphi)}$$

p : paramètre de la conique
e : excentricité de la conique
θ : angle polaire
φ : phase

Branches infinies – Définitions

Si $\lim\limits_{\theta \to \pm\infty} \rho = 0$, on dit que O est un **point-asymptote** de la courbe.

Si $\lim\limits_{\theta \to \pm\infty} \rho = a$, on dit que le cercle de centre O et de rayon $|a|$ est un **cercle-asymptote** à la courbe.

Si $\lim\limits_{\theta \to \pm\infty} \rho = \pm\infty$, on dit que la courbe admet une **branche-spirale**.

Si la branche infinie forme un angle θ_0 par rapport à l'axe des abscisses, pour savoir s'il s'agit d'une **asymptote** ou d'une direction asymptotique, on étudie la limite :

$$Y = \lim_{\theta \to \theta_0} \rho \sin(\theta - \theta_0)$$

Si cette limite vaut $+\infty$, il s'agit d'une direction asymptotique, si la limite vaut 0, il s'agit d'une asymptote, si la limite vaut b avec $b \in \mathbb{R}$, la droite d'équation $y = \theta_0 x + b$ est asymptote à la courbe.

Symétries

Soit T la **période** de ρ (c'est-à-dire $\rho(\theta + T) = \rho(\theta)$). S'il existe T' tel que $\rho(\theta + T') = -\rho(\theta)$, T' est appelé **antipériode** de ρ.

$$\rho(-\theta) = \rho(\theta)$$

Symétrie par rapport à l'axe des abscisses. On fait varier θ dans $[0; +\infty[$ avant d'effectuer la symétrie.

$\rho(\alpha-\theta)=\rho(\alpha)$	On fait varier θ dans $\left[\frac{\alpha}{2};+\infty\right[$ puis on effectue la symétrie par rapport à la droite passant par O et d'angle polaire $\alpha/2$.
$\rho(-\theta)=-\rho(\theta)$	Symétrie par rapport à l'axe des ordonnées. On fait varier θ dans $[0;+\infty[$ avant d'effectuer la symétrie.
$\rho(\alpha-\theta)=-\rho(\alpha)$	On fait varier θ dans $\left[\frac{\alpha}{2};+\infty\right[$ puis on effectue la symétrie par rapport à la droite passant par O et d'angle polaire $\frac{\alpha}{2}+\frac{\pi}{2}$.

3.2 Propriétés métriques des courbes

Abscisse curviligne	
$\forall t\in I, s(t)=\int_{t_0}^{t}\\|f'(u)\\|\,\mathrm{d}u$	$f: t\mapsto M(t)$ $s: t\mapsto s(t)$

Longueur d'un arc	
$l(AB)=\int_a^b\\|f'(t)\\|\,\mathrm{d}t$	$l(AB)$: longueur de l'arc AB

Rayon de courbure – Courbure	
$R=\frac{\mathrm{d}s}{\mathrm{d}\alpha}$ $\gamma=\frac{1}{R}$	R : rayon de courbure s : abscisse curviligne $\alpha=(\mathbf{i},\mathbf{T})$ où $\mathbf{T}$ est le vecteur tangent γ : courbure au point $M(t)$

Chapitre 2

Physique

0. Éléments de mathématiques

0.1 Différentielles

Développements limités

Soit $f : x \mapsto f(x)$, alors $f(x+\delta x) = f(x) + \delta x f'(x) + \dfrac{(\delta x)^2}{2} f''(x) + \ldots$

Différentielle d'une fonction de plusieurs variables

Soit f une fonction des variables x et y, alors :

$$\mathrm{d}f = \left(\frac{\partial f}{\partial x}\right)_y \mathrm{d}x + \left(\frac{\partial f}{\partial y}\right)_x \mathrm{d}y$$

On peut étendre cette définition de $\mathrm{d}f$ pour une fonction de n variables.
On a par définition du gradient :

$$\mathrm{d}f = (\mathbf{grad} f) \cdot \mathrm{d}\mathbf{M}$$

Théorème de Schwarz

$$\frac{\partial^2 f(x,y)}{\partial x \partial y} = \frac{\partial^2 f(x,y)}{\partial y \partial x}$$

(les dérivées croisées d'une fonction $\mathcal{C}^2$ sont égales)

0.2 Équations différentielles

Équation de relaxation

$y'(t) + \dfrac{y(t)}{\tau} = \gamma$ (où γ est une constante). Sa solution est $y(t) = \gamma\tau + (y(0) - \gamma\tau e^{-t/\tau}$.

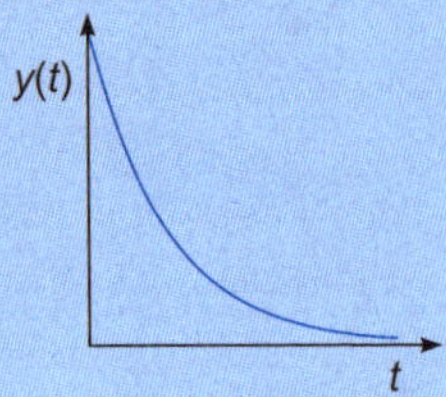

Équation de l'oscillateur harmonique

$y''(t) + \omega_0^2 y(t) = 0$. Sa solution est $y(t) = \lambda \cos(\omega_0 t) + \mu \sin(\omega_0 t)$ ou $y(t) = \delta \cos(\omega_0 t + \varphi)$

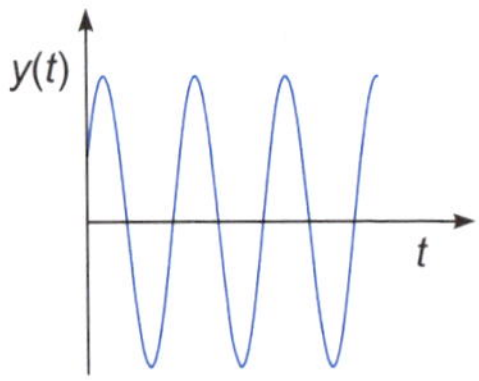

Équation d'un système explosif

$y''(t) - \omega_0^2 y(t) = 0$. Sa solution est $y(t) = \lambda\, \mathrm{ch}(\omega_0 t) + \mu\, \mathrm{sh}(\omega_0 t)$

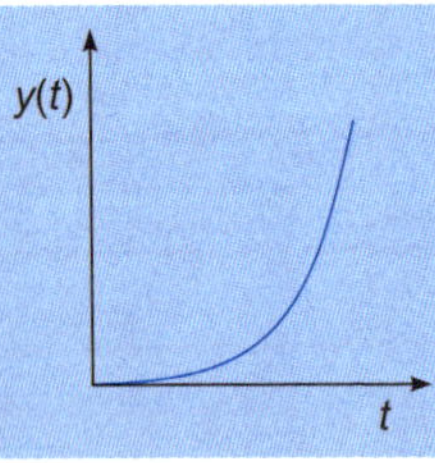

Équation de diffusion

$\frac{\partial y}{\partial t} = D\Delta y$. Les solutions dépendent des conditions aux limites et des conditions initiales. On la résoud généralement en régime permanent où la solution est sinusoïdale.

Équation de précession

$\frac{\partial \mathbf{u}}{\partial t} = \boldsymbol{\omega} \wedge \mathbf{u}$. $\mathbf{u}$ est en rotation autour du vecteur $\boldsymbol{\omega}$

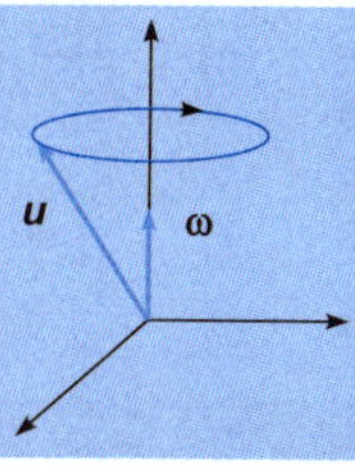

Équation du second ordre

$$ay''(t) + by'(t) + cy(t) = g(t)$$

Le discriminant de son équation caractéristique ((E_c) $ar^2 + br + c = 0$) est $\Delta = b^2 - 4ac$. Soient r_1 et r_2 les deux racines de cette équation caractéristique.
Dans un premier temps, intéressons nous au cas où $g(t) = \gamma$, une constante.

Si $\Delta > 0$, les deux racines r_1 et r_2 sont réelles, la solution est du type apériodique : $y(t) = \lambda e^{r_1 t} + \mu e^{r_{2,}t} + \frac{\gamma}{c}$

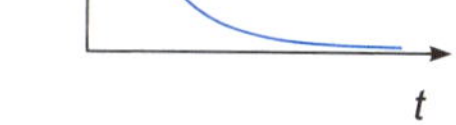

Si $\Delta < 0$, les deux racines de l'équation caractéristique sont complexes conjuguées, la solution est alors pseudo-périodique : $y(t) = (\lambda \cos(\beta t) + \mu \sin(\beta t))e^{\alpha t} + \frac{\gamma}{c}$ avec α et β respectivement partie réelle et partie imaginaire de r_1

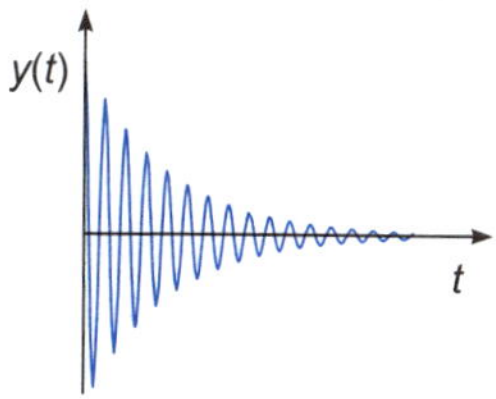

Si $\Delta = 0$, le régime est critique, l'équation caractéristique admet une racine double.
La solution est : $y(t) = (\lambda t + \mu)e^{r_1 t} + \frac{\gamma}{c}$

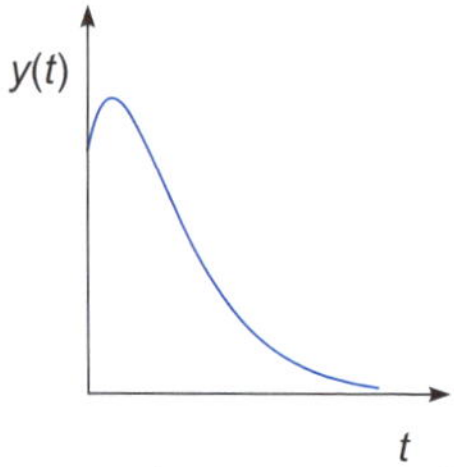

Si $g(t)$ est une excitation sinusoïdale, on résout en complexes en posant $\underline{y}(t) = \underline{Y}e^{j\omega t}$ pour obtenir une solution particulière.

0.3 Coniques

Équation polaire d'une conique avec origine au foyer

$$r(\theta) = \frac{p}{1 + e\cos\theta}$$

r : distance du point courant à l'origine
θ : angle polaire
p : paramètre
e : excentricité

Nature de la conique

– une ellipse si $0 < e = \frac{a}{b} < 1$

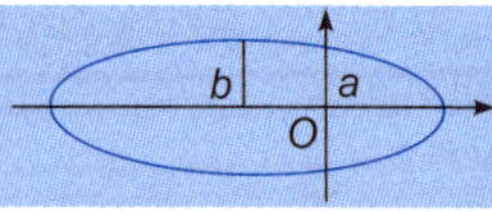

– une parabole si $e = 1$

– une hyperbole si $e > 1$

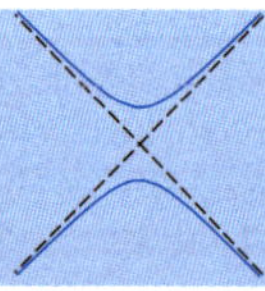

Aire d'une ellipse

$$S = \pi ab$$

S : surface de la conique
a : demi grand axe
b : demi petit axe

1. Électronique

1.1 Lois générales

Loi de Pouillet

$$i = \frac{E}{\sum_k R_k}$$

i : intensité du courant dans le circuit
E : tension délivrée par le générateur
R_k : résistance k du circuit

Loi des nœuds

La loi des nœuds en N s'écrit :

$$\sum_{k=1}^{n} i_k = 0$$

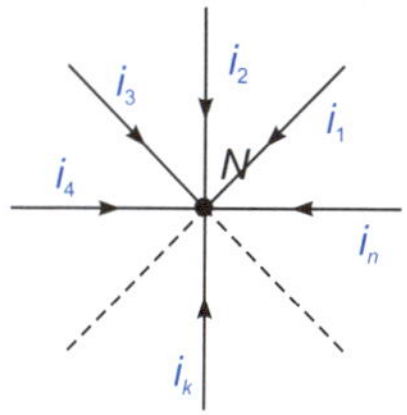

Loi des mailles

La loi des mailles sur la maille ci-contre s'écrit : $\sum_{k=1}^{n} u_k = 0$

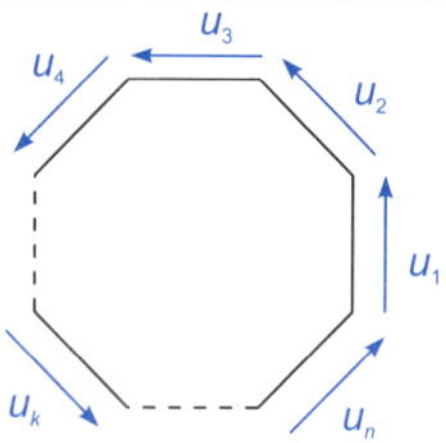

Théorème de Millman

Le théorème de Millman appliqué en N donne :

$$u = \frac{\sum_{k=1}^{n} G_k \cdot u_k + \sum_{j=1}^{p} i_j}{\sum_{k=1}^{n} G_k}$$

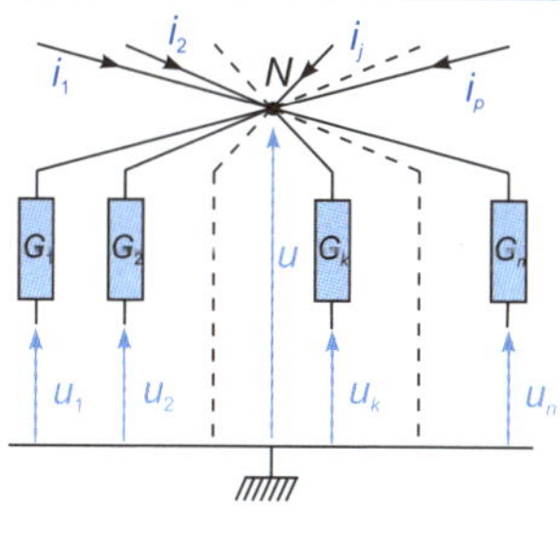

Théorème de superposition (Helmholtz)

Dans un réseau de dipôles linéaires comportant n sources, la tension aux bornes de chaque dipôle est la somme algébrique des tensions qu'il y aurait aux bornes de ce dipôle si une seule source autonome fonctionnait. De même, l'intensité dans une branche d'un circuit est la somme des intensités qui règneraient dans la branche si une seule source autonome fonctionnait.

Théorème de Thévenin

Toute association de dipôles linéaires est équivalente vue de l'extérieur à une source de tension dont la forcé électromotrice est la tension à vide aux bornes de cette association et la résistance interne, la résistance de l'association toutes sources éteintes.

Théorème de Norton

Toute association de dipôles linéaires est équivalente vue de l'extérieur à une source de courant dont le courant de court-circuit est le courant circulant dans un fil idéel placé entre les bornes de l'association et la conductance interne la conductance de l'association toutes sources éteintes.

1.2 Régime variable

Impédance complexe et phase des composants usuels

Résistance :

$$Z = R$$

$$\varphi = 0$$

Condensateur :

$$Z = \frac{1}{jC\omega}$$

$$\varphi = -\frac{\pi}{2}$$

Bobine :

$$Z = jL\omega$$

$$\varphi = +\frac{\pi}{2}$$

Z : impédance
R : valeur de la résistance
C : capacité du condensateur
L : inductance de la bobine
ω : pulsation
φ : déphasage de u par rapport à i

Puissance reçue par un dipôle

$$p(t) = u(t)i(t)$$

$$< p >= \frac{1}{T}\int_0^T p(t)\,\mathrm{d}t$$

$$< p >_{\text{sinusoïdal}}= U_{\text{eff}} I_{\text{eff}} \cos \varphi$$

On se place en **convention récepteur**.
$p(t)$: puissance instantanée reçue par le dipôle
$< p >$: puissance moyenne reçue par le dipôle
$u(t)$: tension aux bornes de ce dipôle
$i(t)$: intensité traversant le dipôle
U_{eff} : tension efficace aux bornes du dipôle
I_{eff} : intensité efficace traversant le dipôle
φ : déphasage entre la tension et l'intensité $\varphi = \arg \underline{Z}$ où $\underline{Z}$ est l'impédance complexe

Fonction de transfert

$$\underline{H}(j\omega) = \frac{\underline{s}}{\underline{e}}$$

$\underline{H}(j\omega)$: fonction de transfert
$\underline{s}$: signal de sortie
$\underline{e}$: signal d'entrée

Gain en décibels – Phase

$$H(\omega) = |\underline{H}(j\omega)|$$

$$G_{\text{dB}} = 20 \log |\underline{H}(j\omega)|$$

$$\varphi = \arg \underline{H}$$

$H(\omega)$: gain
G_{dB} : gain en décibels
$\underline{H}(j\omega)$: fonction de transfert
φ : phase (avance de la sortie sur l'entrée)

Diagramme de Bode

Le diagramme de Bode en gain (respectivement en phase) consiste à représenter le gain en décibel (respectivement la phase) en fonction de $\log \frac{\omega}{\omega_0}$ ou de $\log \omega$.

Filtre passe-bas du premier ordre

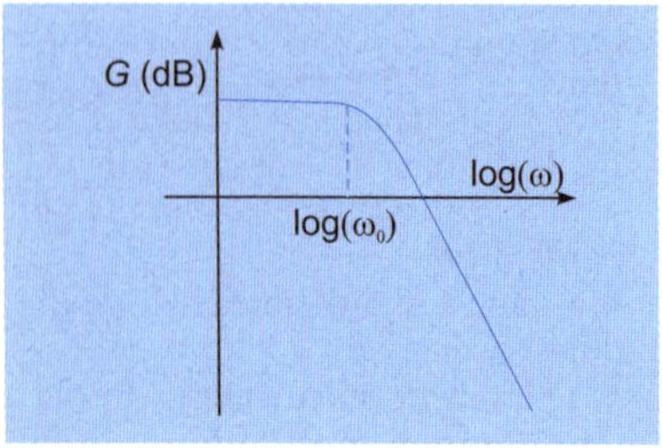

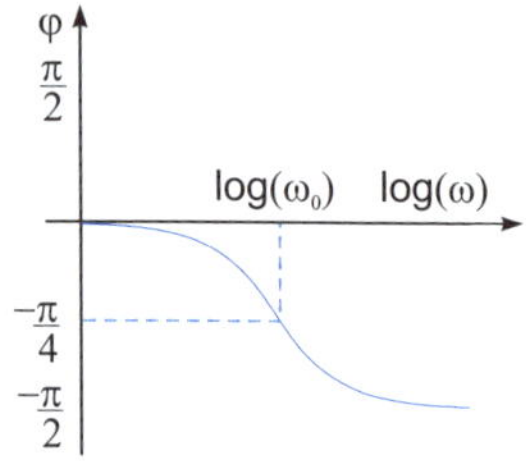

$$H(\omega) = \frac{H_0}{1 + j\dfrac{\omega}{\omega_0}}$$

Filtre passe-haut du premier ordre

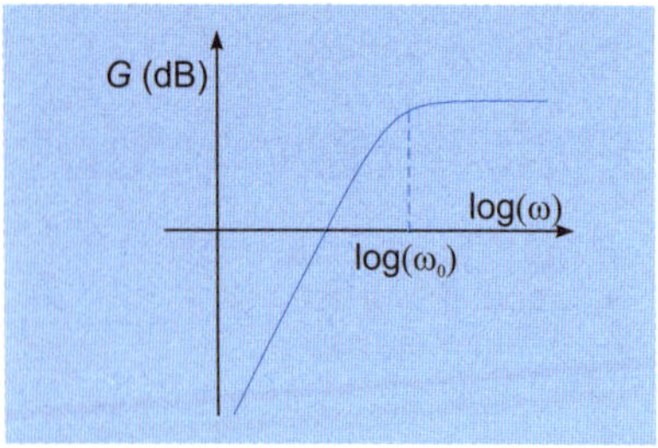

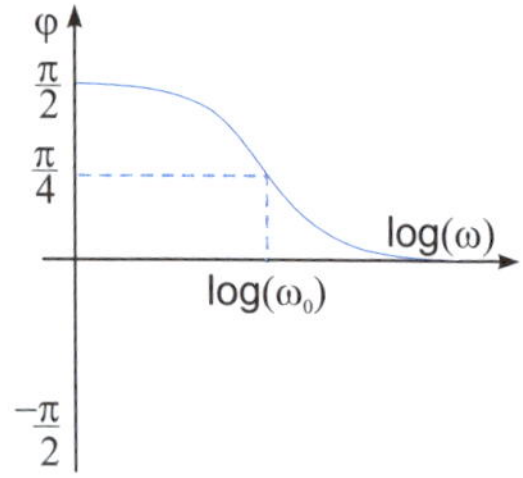

$$H(\omega) = \frac{H_0 j\dfrac{\omega}{\omega_0}}{1 + j\dfrac{\omega}{\omega_0}}$$

Filtre passe-bas du deuxième ordre

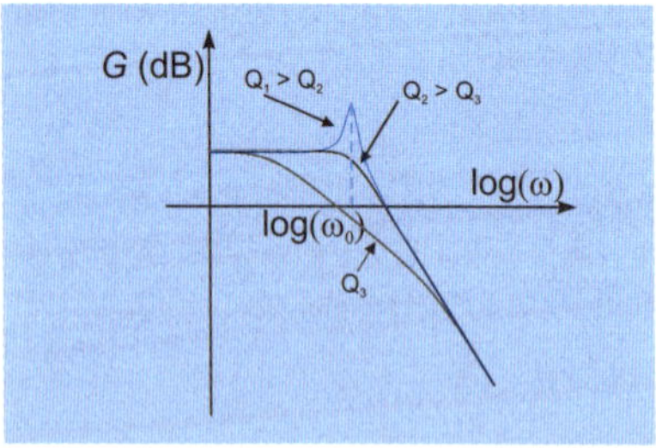

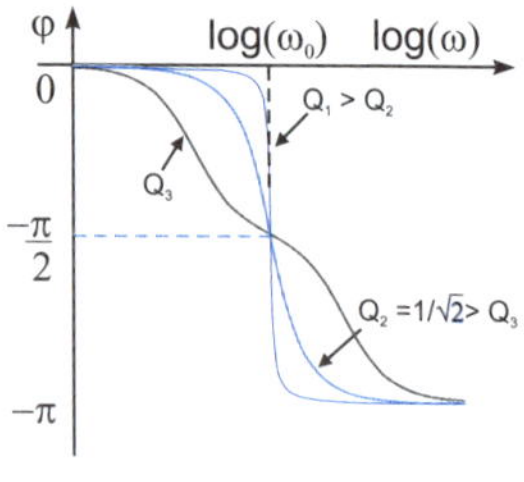

$$H(\omega) = \frac{H_0}{1 + \left(j\dfrac{\omega}{\omega_0}\right)^2 + j\dfrac{\omega}{Q\omega_0}}$$

Filtre passe-haut du deuxième ordre

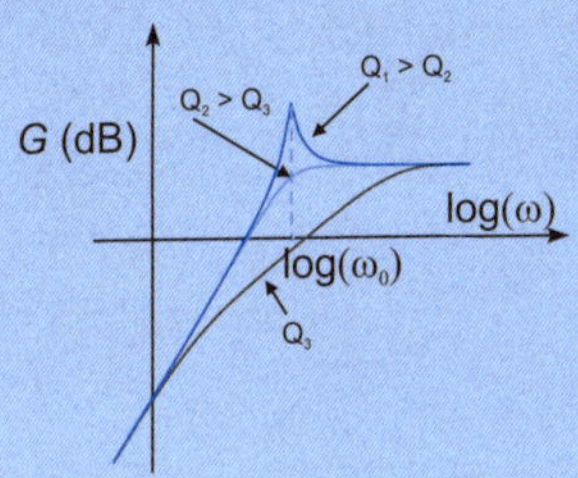

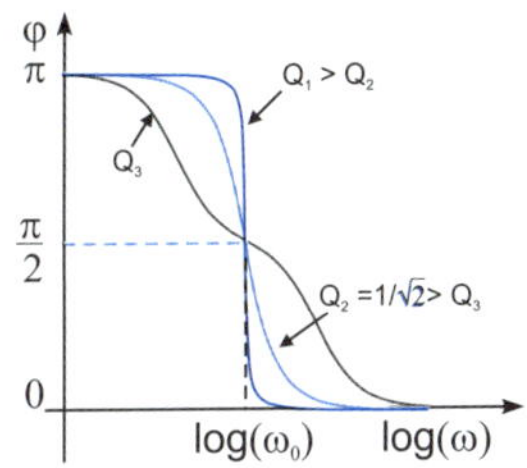

$$H(\omega) = \frac{H_0\left(j\dfrac{\omega}{\omega_0}\right)}{1 + \left(j\dfrac{\omega}{\omega_0}\right)^2 + j\dfrac{\omega}{Q\omega_0}}$$

Filtre passe bande du deuxième ordre

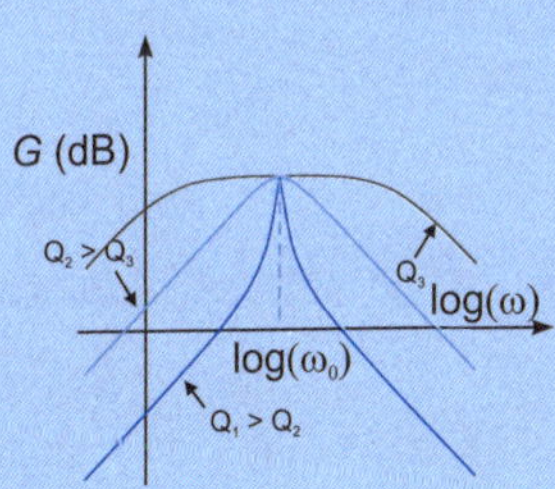

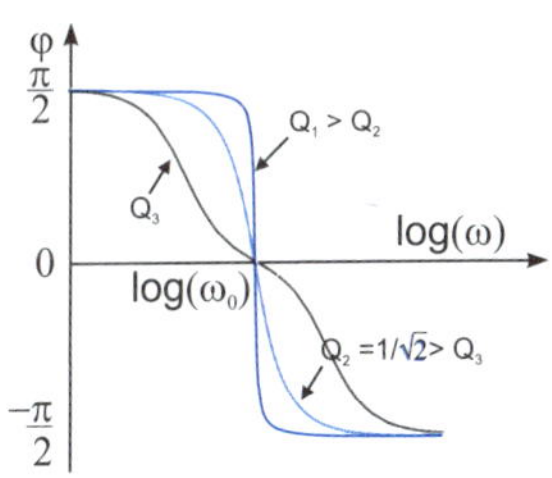

$$H(\omega) = \frac{H_0}{1 + jQ\left(\dfrac{\omega}{\omega_0} - \dfrac{\omega_0}{\omega}\right)}$$

1.3 Montages avec amplificateur opérationnel

Généralités

Pour un amplificateur opérationnel idéal en régime linéaire :
- $\varepsilon = V_+ - V_- = 0 \Longleftrightarrow |u_S| \leqslant V_{sat}$.
- Si $\varepsilon < 0, u_S = -V_{sat}$, si $\varepsilon > 0, u_S = V_{sat}$: on est en régime saturé.
- L'intensité entrant par les bornes + et − est nulle.

Suiveur de tension

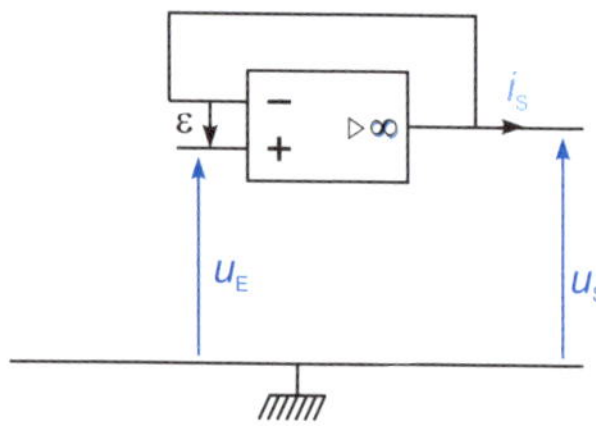

$$u_S = u_E$$

Amplificateur inverseur

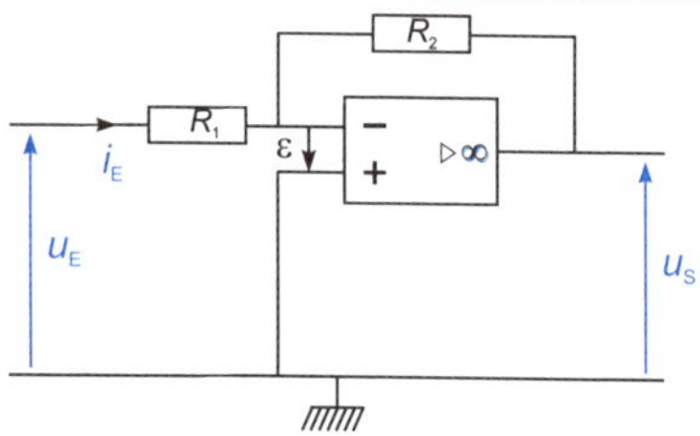

$$u_S = -\frac{R_2}{R_1} u_E$$

Amplificateur non inverseur

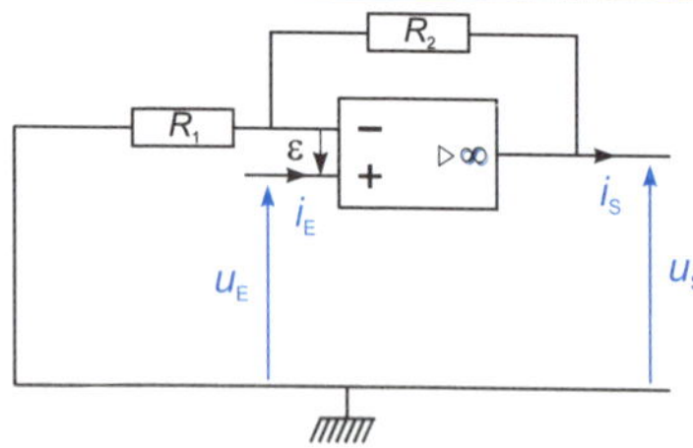

$$u_S = \left(1 + \frac{R_2}{R_1}\right) u_E$$

Convertisseur courant-tension

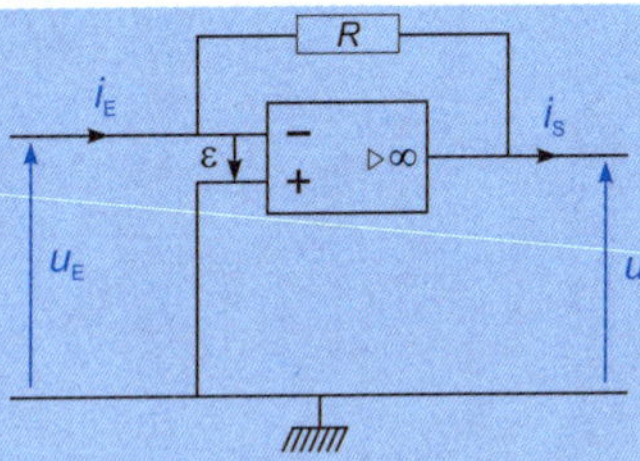

$$u_S = -R \cdot i_E$$

Comparateur simple

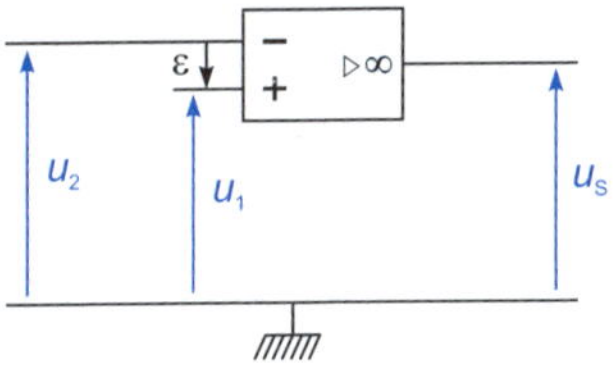

Si $u_1 > u_2$, $u_S = +V_{sat}$
Si $u_1 < u_2$, $u_S = -V_{sat}$

Intégrateur théorique

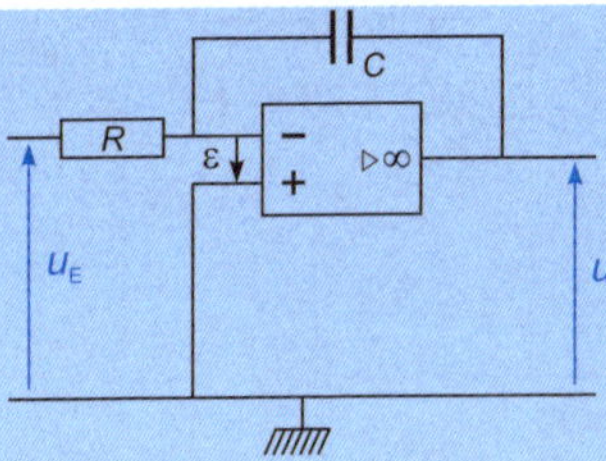

$$u_S = -\frac{1}{RC}\int_{t_0}^{t} u_E(t)\,dt + u_s(t_0)$$

Dérivateur théorique

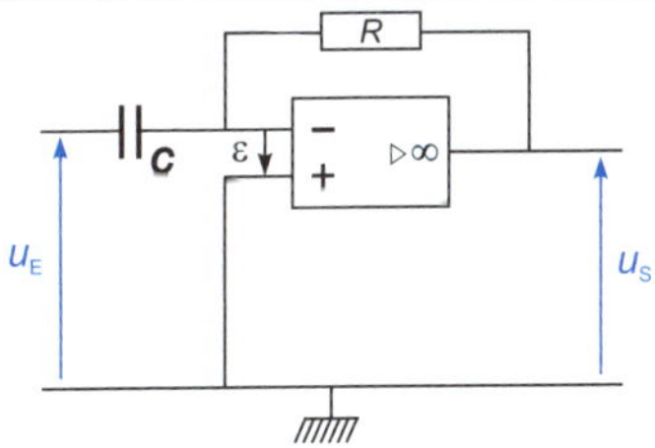

$$u_S = -RC\frac{du_E}{dt}$$

Comparateur à hystérésis

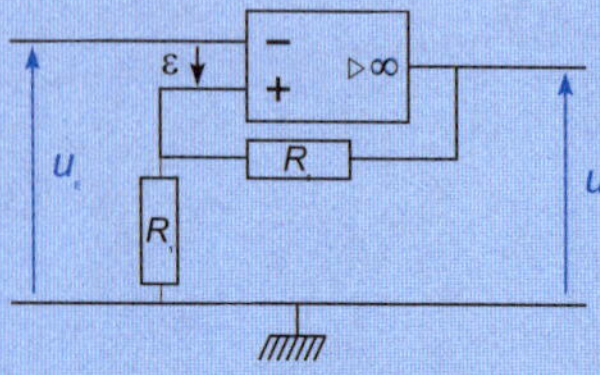

$$\varepsilon = \frac{R_1}{R_1 + R_2} u_S - u_E$$

– Si $u_S = +V_{sat} \Rightarrow \varepsilon > 0 \Rightarrow u_E < \frac{R_1}{R_1 + R_2} V_{sat}$

– Si $u_S = -V_{sat} \Rightarrow \varepsilon < 0 \Rightarrow u_E > -\frac{R_1}{R_1 + R_2} V_{sat}$

– Si $u_E \in \left] -\frac{R_1}{R_1 + R_2} V_{sat}, \frac{R_1}{R_1 + R_2} V_{sat} \right[$ alors le montage est bistable ($u_S = \pm V_{sat}$)

Sommateur inverseur

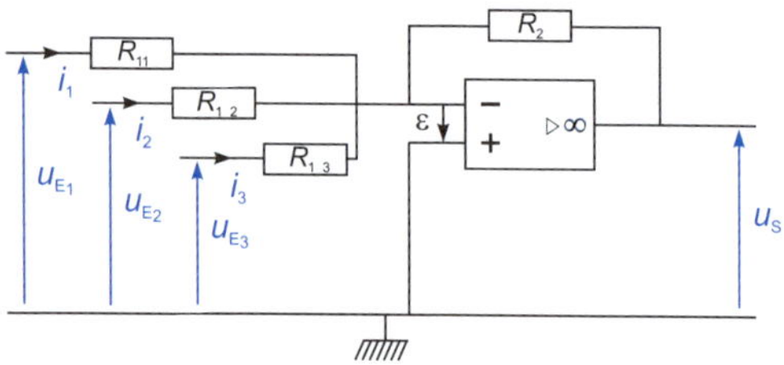

$$i_k = \frac{u_{E_k}}{R_{1k}} \qquad u_S = -R_2 \sum_k \frac{u_{E_k}}{R_{1k}}$$

1.4 Asservissements

Définition

On appelle système asservi, tout système possédant une chaîne de retour qui permet de comparer la grandeur de sortie à la grandeur d'entrée

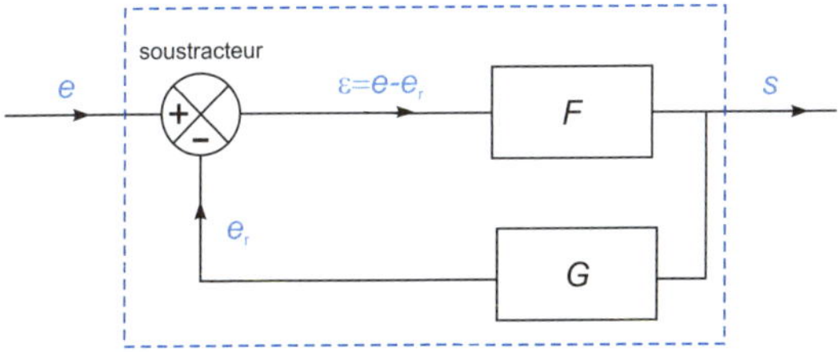

système asservi

Avantages

Le système est peu sensible aux variabilités, aux décalages et aux dérives des composants : il est plus stable.

Fonction de transfert

$$H = \frac{s}{e} = \frac{F}{1 + FG}$$

H : fonction de transfert du système bouclé
F : fonction de transfert de la chaîne directe
G : fonction de transfert de la chaîne de retour
e : signal d'entrée
s : signal de sortie
– Si $|1 + FG| > 1$, il y a rétroaction
– Si $|1 + FG| < 1$, il y a réaction positive
– Si $1 + FG = 0$, le système peut se mettre à osciller

2. Thermodynamique

2.1 Gaz parfait

Équation d'état

$$pV = nRT$$

p : pression du gaz
V : volume du gaz
$R = \mathcal{N} \cdot k$: constante des gaz parfaits
T : température
n : quantité de matière

Vitesse quadratique moyenne

$$\frac{1}{2}mu^2 = \frac{3}{2}\mathrm{k}T$$

m : masse atomique du gaz
u : vitesse quadratique moyenne
k : constante de Boltzmann
T : température

Coefficients thermoélastiques

$$\alpha = \frac{1}{V}\left(\frac{\partial V}{\partial T}\right)_p$$

$$\beta = \frac{1}{p}\left(\frac{\partial p}{\partial T}\right)_V$$

$$\chi_T = -\frac{1}{V}\left(\frac{\partial V}{\partial p}\right)_T$$

α : coefficient de dilatation isobare
β : coefficient d'augmentation de pression à volume constant
χ_T : coefficient de compressibilité isotherme
p : pression
T : température
V : volume

Relation entre les coefficients thermoélastiques

$$\alpha = p\beta\chi_T$$

Modèle de Van der Waals

$$\left(p + \frac{n^2 a}{V^2}\right)(V - nb) = n\mathrm{R}T$$

a, b : constantes positives
n : quantité de matière
p : pression
T : température
V : volume
nb : covolume
R : constante des gaz parfaits

2.2 Premier et second principes de la thermodynamique

Premier principe

$$\Delta U = W + Q$$

ΔU : variation d'énergie interne
W : transferts mécaniques reçus par le système
Q : transferts thermiques reçus par le système

Travail réversible des forces de pression

$$W = -\int_{V_i}^{V_f} p \, \mathrm{d}V$$

W : travail des forces de pression
V_i : volume initial
V_f : volume final
p : pression
Si la transformation est isobare, alors : $W = -p\Delta V$

Enthalpie

$$H = U + pV$$

H : enthalpie
U : énergie interne
p : pression
V : volume du système
L'enthalpie est une fonction d'état.

Première loi de Joule pour un gaz parfait

$$\mathrm{d}U = C_V \, \mathrm{d}T$$

dU : variation d'énergie interne
C_V : capacité thermique à volume constant
dT : variation de température

$$C_V = \left(\frac{\partial U}{\partial T}\right)_V$$

Autre formulation : U ne dépend que de T

Seconde loi de Joule pour un gaz parfait

$$\mathrm{d}H = C_p \, \mathrm{d}T$$

dH : variation d'enthalpie
C_p : capacité thermique à pression constante
dT : variation de température

$$C_p = \left(\frac{\partial H}{\partial T}\right)_p$$

Autre formulation : H ne dépend que de T

Gaz parfait monoatomique

$$U = \frac{3}{2}nRT$$

$$H = \frac{5}{2}nRT$$

U : énergie interne
H : enthalpie
n : quantité de matière
R : constante des gaz parfaits
T : température

Bilan sur les écoulements permanents

$$(h_2 + e_{k_2} + \rho g z_2) - (h_1 + e_{k_1} + \rho g z_1) = w_m + q_m$$

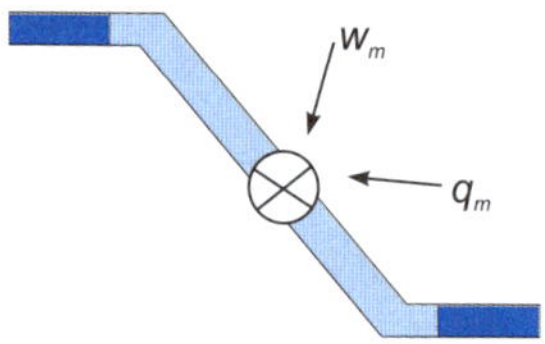

Cette relation est aussi appelée **relation de Zeuner**.
On indexe par 1 et 2 les grandeurs relatives au fluide respectivement en amont et en aval de la machine.

h_i : enthalpie massique
e_{k_i} : énergie cinétique massique
$\rho g z_i$ énergie potentielle de pesanteur massique
w_m : transfert mécanique reçu par l'unité de masse de fluide qui traverse la machine
q_m : transfert thermique reçu par l'unité de masse de fluide qui traverse la machine

Détente de Joule Gay-Lussac

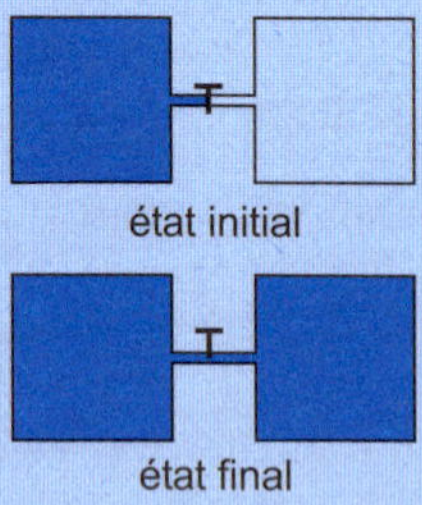

$$\Delta U = 0$$

U : énergie interne

Détente de Joule–Kelvin

$$h_1 + e_{k_1} = h_2 + e_{k_2}$$

En écoulement lent ($e_{k_i} \ll h_i$), la détente est isenthalpique ($h_2 = h_1$).

Rapport des capacités thermiques

$$\gamma = \frac{C_p}{C_V} > 1$$

$$C_p = \frac{\gamma R}{\gamma - 1}$$

$$C_V = \frac{R}{\gamma - 1}$$

R : constante des gaz parfaits
γ : rapport des capacités thermiques

Second principe – Entropie

$$dS = \frac{\delta Q}{T_\Sigma} + \delta S_{irrev}$$

S : entropie
Q : transferts thermiques vers le système
T_Σ : température de surface du système
$\delta S_{irrev} \geqslant 0$: création d'entropie
L'entropie est une mesure statistique du désordre

Identités thermodynamiques

$$dU = T\,dS - p\,dV$$

$$dH = T\,dS + V\,dp$$

dU : variation d'énergie interne
dH : variation d'enthalpie
dS : variation d'entropie
p : pression du gaz
V : volume du système
T : température

Lois de Laplace

$$p\,V^{\gamma} = cste_1$$

$$T\,V^{\gamma-1} = cste_2$$

$$T^{\gamma}\,p^{1-\gamma} = cste_3$$

Ces lois décrivent l'évolution des paramètres thermodynamiques pour une transformation isentropique (adiabatique réversible) de gaz parfait.
p : pression du gaz
V : volume du système
T : température
γ : rapport isentropique

Entropie statistique

$$S = \mathrm{k} \ln \Omega$$

S : entropie
k : constante de Boltzmann
Ω : nombre de microétats accessibles pour le macroétat

Troisième principe

$$\lim_{T \to 0} S = 0$$

Pour un corps pur admettant une structure cristalline, l'entropie S tend vers zéro lorsque la température tend vers zéro kelvin.

2.3 Changements de phase d'un corps pur

Diagramme d'état

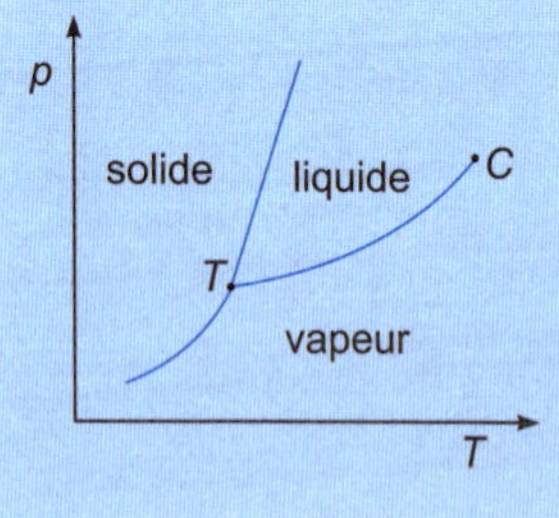

Le point C est le point critique au delà duquel on ne fait plus la différence entre la phase liquide et la phase vapeur (état fluide).
Le point T est le point triple où toutes les phases coexistent.
p : pression
T : température

Nomenclature des changements de phase

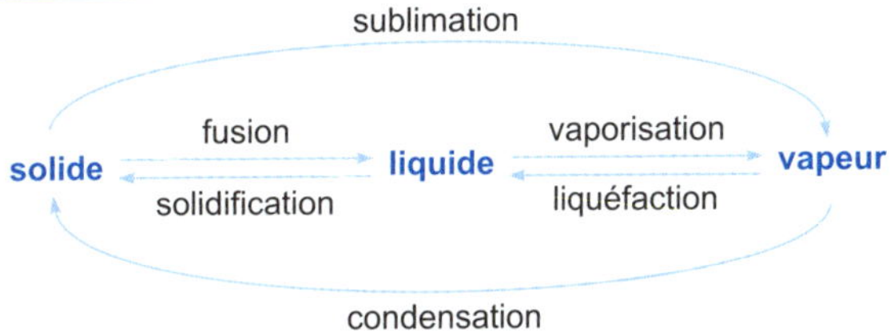

Diagramme d'équilibre liquide–vapeur

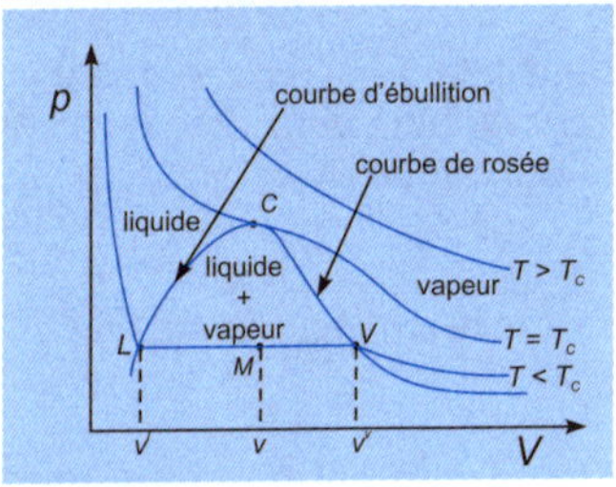

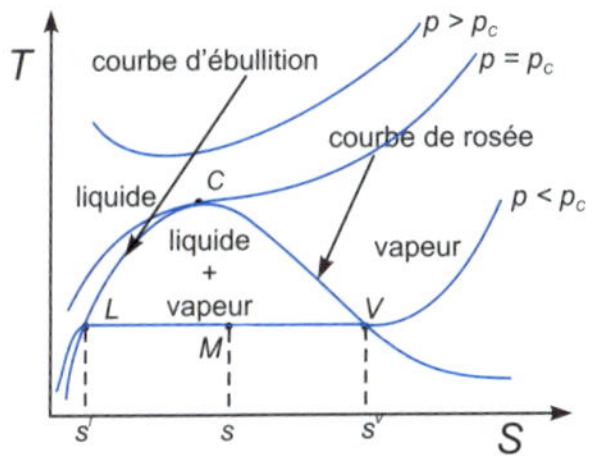

Titre de vapeur – Titre de liquide

$$x_v = \frac{m_v}{m} = \frac{LM}{LV}$$

$$x_l = \frac{m_l}{m} = \frac{MV}{LV}$$

x_l : titre massique de liquide
x_v : titre massique de vapeur
m_l, m_v : masse de liquide et de vapeur
LM, LV, MV : distance LM, LV, MV mesurées sur un des deux diagrammes d'état précédent.

On a également la relation :
$x_l + x_v = 1$

Expression des fonctions d'état

$$u = x_1 u_1 + x_2 u_2$$

$$h = x_1 h_1 + x_2 h_2$$

$$s = x_1 s_1 + x_2 s_2$$

x_i : le titre massique du corps pur dans la phase i
u_i, h_i, s_i : l'énergie interne massique, l'enthalpie massique et l'entropie massique du corps dans la phase i
u, h, s : l'énergie interne massique, l'enthalpie massique et l'entropie massique du corps

Chaleur latente

$$l_{1\to 2} = h_2 - h_1 = T(s_2 - s_1)$$

$l_{1\to 2}$: chaleur latente massique de passage de la phase 1 à la phase 2
h_i : enthalpie massique du corps dans la phase i
s_i : entropie massique du corps dans la phase i
T : température de cœxistance des phases

Relation de Clapeyron

$$l_{1\to 2} = T(v_2 - v_1)\frac{\partial p}{\partial T}$$

$l_{1\to 2}$: chaleur latente massique de passage de la phase 1 à la phase 2
v_i : volume massique du corps dans la phase i
p : pression
T : température de changement d'état

2.4 Machines thermiques

Machines dithermes

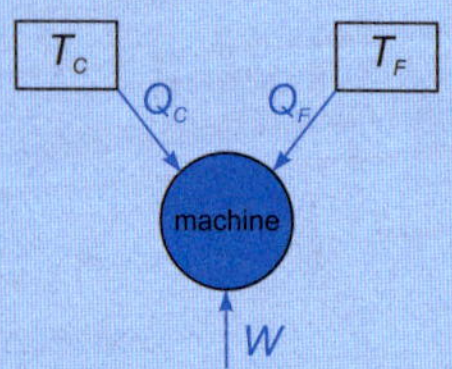

T_C : température de la source chaude
Q_C : transfert thermique algébrique de la source chaude vers la machine
T_F : température de la source froide
Q_F : transfert thermique algébrique de la source froide vers la machine
W : transfert mécanique reçu par la machine

Premier et second principes appliqués sur un cycle

$$\Delta U = 0$$

$$\Delta S = 0$$

Sur un cycle, la variation d'énergie interne (U) et d'entropie (S) est nulle (fonctions d'état).

Inégalité de Clausius

$$\frac{Q_C}{T_C} + \frac{Q_F}{T_F} \leqslant 0$$

(Second principe appliqué à la machine)
T_C : température de la source chaude
Q_C : transfert thermique algébrique de la source chaude vers la machine
T_F : température de la source froide
Q_F : transfert thermique algébrique de la source froide vers la machine

Efficacité de Carnot du moteur ditherme

$$e_C = 1 - \frac{T_F}{T_C}$$
$$e \leqslant e_C$$

e_C : efficacité de Carnot (machine réversible)
T_C : température de la source chaude
T_F : température de la source froide
e : efficacité réelle

Efficacité de Carnot du réfrigérateur ditherme

$$e_C = \frac{T_F}{T_C - T_F}$$
$$e \leqslant e_C$$

e_C : efficacité de Carnot (machine réversible)
T_C : température de la source chaude
T_F : température de la source froide
e : efficacité réelle

Efficacité de Carnot de la pompe à chaleur

$$e_C = \frac{T_C}{T_C - T_F}$$
$$e \leqslant e_C$$

e_C : efficacité de Carnot (machine réversible)
T_C : température de la source chaude
T_F : température de la source froide
e : efficacité réelle

Représentation du cycle

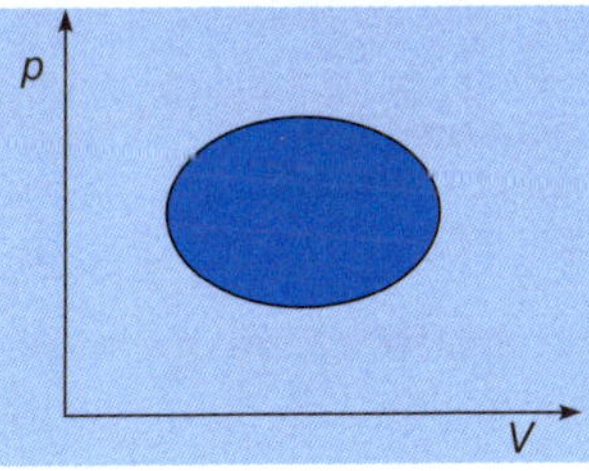

Le transfert mécanique reçu par la machine correspond à l'aire intérieure àà la courbe dans le diagramme de Clapeyron (p, V). Cette aire doit donc être négative (parcourue dans le sens horaire) pour obtenir un moteur. $(w < 0)$

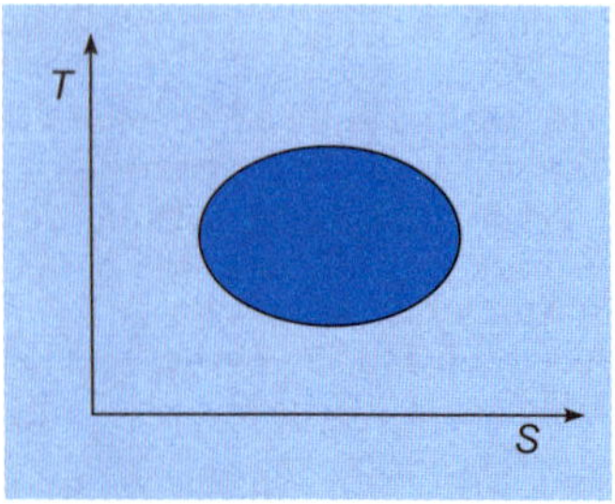

Le transfert thermique reçu correspond à l'aire intérieure à la courbe dans le diagramme (S, T).

2.5 Énergie libre – Enthalpie libre

Évolution monotherme

$$F^* = U - T_0 S$$
$$dF^* \leqslant \delta W_{\text{reçu}}$$

Si le système évolue sans travail, la fonction F^* joue le rôle de potentiel thermodynamique (elle ne peut que diminuer).
T_0 : température fixée
U : énergie interne
S : entropie
$\delta W_{\text{reçu}}$: transfert mécanique maximum récupérable

Évolution monotherme et monobare

$$G^* = U + p_0 V - T_0 S$$
$$dF^* \leqslant \delta W_{\text{reçu}}$$

Si le système évolue sans travail, la fonction G^* joue le rôle de potentiel thermodynamique (elle ne peut que diminuer).
p_0 : pression fixée
T_0 : température fixée
V : volume du système
U : énergie interne
S : entropie
$\delta W_{\text{reçu}}$: transfert mécanique maximum récupérable

Énergie libre

$$F = U - TS$$

F : énergie libre
T : température
U : énergie interne
S : entropie

Enthalpie libre

$$G = H - TS$$

G : enthalpie libre
T : température
H : enthalpie
S : entropie

Identités thermodynamiques relatives à F et G

$$\mathrm{d}F = -S\,\mathrm{d}T - p\,\mathrm{d}V$$
$$\mathrm{d}G = -S\,\mathrm{d}T + V\,\mathrm{d}p$$

F : énergie libre
G : enthalpie libre
p : pression
T : température
V : volume du système
S : entropie

Corps diphasé

$$g_1 = g_2$$

Pour un corps pur sous deux phases, les deux enthalpies libres massiques (g_i) sont égales.

Relation de Gibbs–Helmoltz

$$U = -T^2 \left(\frac{\partial(F/T)}{\partial T}\right)_V$$
$$H = -T^2 \left(\frac{\partial(G/T)}{\partial T}\right)_p$$

p : pression
T : température
V : volume du système
U : énergie interne
H : enthalpie
F : énergie libre
G : enthalpie libre

Coefficients calorimétriques

$$\dot{S} = \frac{C_V}{T}\,\mathrm{d}T + \frac{l}{T}\,\mathrm{d}V$$

$$C_V = T\left(\frac{\partial S}{\partial T}\right)_V \quad l = T\left(\frac{\partial S}{\partial V}\right)_T$$

$\underset{.}{S} = \frac{C_p}{T}\,\mathrm{d}T + \frac{k}{T}\,\mathrm{d}p$	$C_p = T\left(\frac{\partial S}{\partial T}\right)_p \quad k = T\left(\frac{\partial S}{\partial p}\right)_T$

Relation de Mayer généralisée

$C_p - C_V = T\left(\frac{\partial V}{\partial T}\right)_p \left(\frac{\partial p}{\partial T}\right)_V$	C_p, C_V : capacités thermiques respectivement à p et V constantes p : pression T : température V : volume du système

2.6 Diffusion de particules

Flux de particules

$\delta N = \mathbf{j}_\mathrm{D}\mathbf{n}\,\mathrm{d}S\,\mathrm{d}t$	δN : nombre de particules qui traversent $\mathrm{d}S$ pendant $\mathrm{d}t$ $\mathbf{j}_\mathrm{D}$: vecteur courant de diffusion $\mathbf{n}$: normale à la surface $\mathrm{d}S$

Loi de Fick

$\mathbf{j}_\mathrm{D} = -D\,\mathbf{grad}\,n^*$	$\mathbf{j}_\mathrm{D}$: vecteur courant de diffusion D : coefficient de diffusion n^* : densité particulaire

Libre parcours moyen

$l = \frac{1}{\sqrt{2}n^*\sigma}$	l : libre parcours moyen σ : section efficace de choc n^* : densité particulaire

Coefficient de diffusion

$D = \frac{l\overline{v}}{3}$	D : coefficient de diffusion (diffusivité) l : libre parcours moyen $\overline{v}$: vitesse moyenne

Équation de diffusion

$\frac{\partial n^*}{\partial t} = D\Delta n^*$	D : coefficient de diffusion n^* : densité particulaire Δ : laplacien scalaire

2.7 Diffusion thermique

Flux thermique

$$\Phi_{th} = \iint_S \mathbf{j}_{th} \cdot \mathbf{n}\, \mathrm{d}S$$

Φ_{th} : flux thermique
$\mathbf{j}_{th}$: vecteur courant de diffusion thermique
$\mathbf{n}$: normale à la surface dS

Loi de Fourier

$$\mathbf{j}_{th} = -\lambda \mathbf{grad} T$$

$\mathbf{j}_{th}$: vecteur courant de diffusion thermique
T : température
λ : conductivité thermique

Équation de la chaleur

$$\frac{\partial T}{\partial t} = \kappa \Delta T$$

$$\kappa = \frac{\lambda}{\rho C}$$

κ : diffusivité thermique
T : température
Δ : laplacien scalaire
λ : conductivité thermique
ρ : masse volumique
C : capacité thermique

Ondes thermiques sinusoïdales

$$\theta(x,t) = \frac{j_{th}}{\lambda}\sqrt{\frac{\kappa}{2\omega}}(1-\mathrm{i})\mathrm{e}^{-(1+\mathrm{i})\sqrt{\frac{\omega}{2\kappa}}z}\mathrm{e}^{\mathrm{i}\omega t}$$

$$v_\varphi = \sqrt{2\kappa\omega}$$

$$\delta = \sqrt{\frac{2\kappa}{\omega}}$$

$\theta(z,t)$: écart par rapport à l'équilibre
κ : diffusivité thermique
ω : pulsation de l'onde
j_{th} : courant de diffusion thermique
v_φ : vitesse de phase
δ : profondeur d'atténuation

Convection

$$j_c = -h(T_{int} - T_{ext})$$

j_c : courant de convection algébrique
h : coefficient de convection
T_{int} : température intérieure
T_{ext} : température extérieure

Conductance thermique

$$\Phi = G(T_{\text{int}} - T_{\text{ext}})$$

$$G = h_{\text{eq}} S$$

$$h_{\text{eq}} = \left(\sum_i \frac{1}{h_i} + \sum_j \frac{e_j}{\lambda_j} \right)^{-1}$$

En régime permanent, on définit ainsi la conductance thermique.
Φ : flux thermique total
G : conductance thermique
T_{int} : température intérieure
T_{ext} : température extérieure
h : coefficient de convection
λ : conductivité thermique
e_j : épaisseur de la paroi de conductivité λ_j

3. Mécanique du point

3.1 Cinématique

Coordonnées cartésiennes

$$\mathbf{OM} = x\mathbf{i} + y\mathbf{j} + z\mathbf{k}$$

x : abscisse
y : ordonnée
z : cote

$$\mathbf{v} = \frac{\mathrm{d}\mathbf{OM}}{\mathrm{d}t} = \begin{pmatrix} \dot{x} \\ \dot{y} \\ \dot{z} \end{pmatrix}$$

$$\mathbf{a} = \frac{\mathrm{d}^2\mathbf{OM}}{\mathrm{d}t^2} = \begin{pmatrix} \ddot{x} \\ \ddot{y} \\ \ddot{z} \end{pmatrix}$$

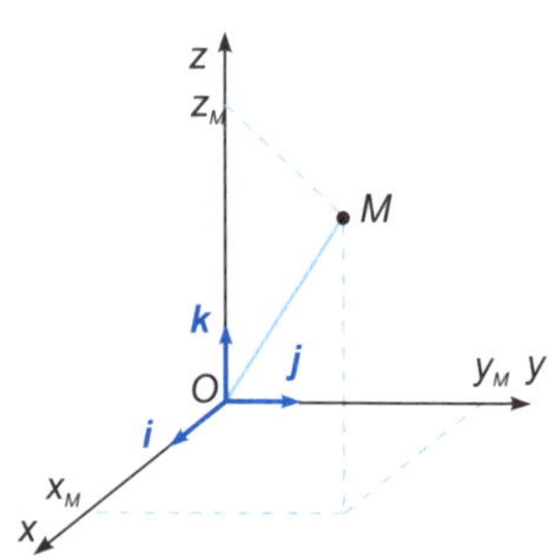

Coordonnées cylindriques

$$\mathbf{OM} = r\mathbf{u}_r + z\mathbf{u}_z$$

r : rayon polaire
θ : angle polaire
z : cote

$$\mathbf{v} = \frac{\mathrm{d}\mathbf{OM}}{\mathrm{d}t} = \begin{pmatrix} \dot{r} \\ r\dot{\theta} \\ \dot{z} \end{pmatrix} \begin{matrix} \mathbf{u}_r \\ \mathbf{u}_\theta \\ \mathbf{u}_z \end{matrix}$$

$$\mathbf{a} = \frac{\mathrm{d}^2\mathbf{OM}}{\mathrm{d}t^2} = \begin{pmatrix} \ddot{r} - r\dot{\theta}^2 \\ 2\dot{r}\dot{\theta} + r\ddot{\theta} \\ \ddot{z} \end{pmatrix} \begin{matrix} \mathbf{u}_r \\ \mathbf{u}_\theta \\ \mathbf{u}_z \end{matrix}$$

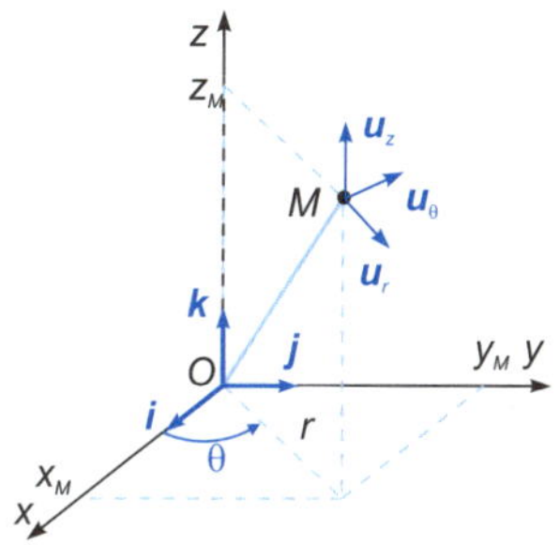

Coordonnées sphériques

$$\mathbf{OM} = r\mathbf{u}_r$$

r : rayon
θ : colatitude variant dans $[0, \pi]$
φ : longitude variant dans $[0, 2\pi]$

$$\mathbf{v} = \frac{\mathrm{d}\mathbf{OM}}{\mathrm{d}t} = \begin{pmatrix} \dot{r} \\ r\dot{\theta} \\ r\sin\theta\dot{\varphi} \end{pmatrix} \begin{matrix} \mathbf{u}_r \\ \mathbf{u}_\theta \\ \mathbf{u}_\varphi \end{matrix}$$

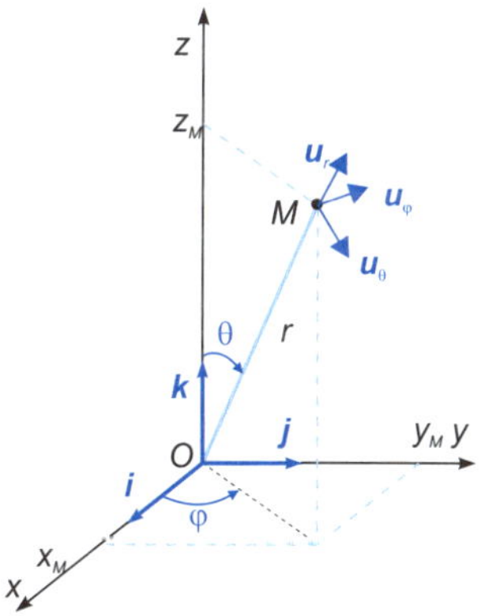

Mouvement circulaire uniforme

$$\mathbf{OM} = r\mathbf{u}_r$$

r : rayon polaire
θ : angle polaire
$\boldsymbol{\omega}$: vitesse angulaire uniforme ($\boldsymbol{\omega} = \omega \mathbf{u}_z$)

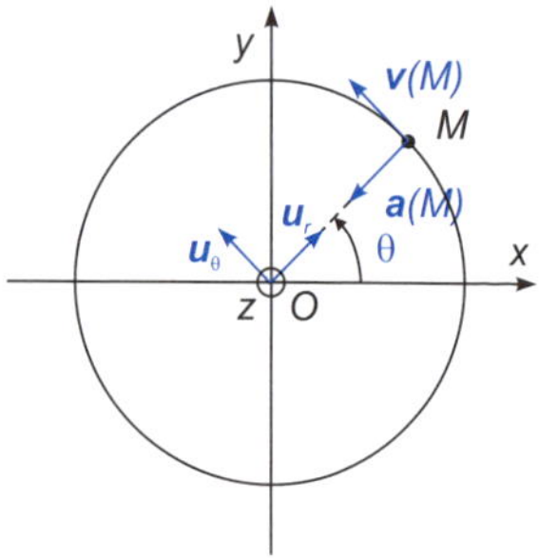

$$\mathbf{v} = \omega \mathbf{u}_z \wedge \mathbf{OM} = \omega r \mathbf{u}_\theta$$

$$\mathbf{a} = -\omega^2 r \mathbf{u}_r = -\frac{v^2}{r}\mathbf{u}_r$$

3.2 Changement de référentiel

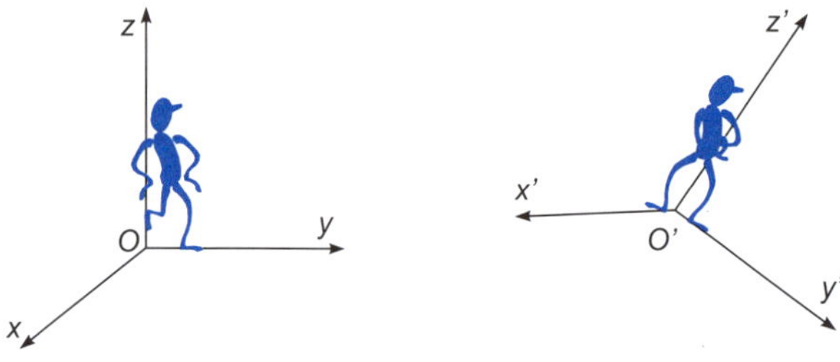

Composition des vitesses

$$\mathbf{v}(M)_R = \underbrace{\mathbf{v}(M)_{R'}}_{\text{vitesse relative}} + \underbrace{\mathbf{v}(O')_R + \boldsymbol{\Omega} \wedge \mathbf{O'M}}_{\text{vitesse d'entraînement}}$$

$\boldsymbol{\Omega}$: vecteur de rotation instantannée de R' par rapport à R

Composition d'accélération

$$\mathbf{a}(M)_R = \mathbf{a}(M)_{R'} + \underbrace{2\boldsymbol{\Omega} \wedge \mathbf{v}(M)_{R'}}_{\text{accélération de Coriolis } (a_c)} + \underbrace{\mathbf{a}(O')_R + \boldsymbol{\Omega} \wedge (\boldsymbol{\Omega} \wedge \mathbf{O'M}) + \frac{\mathrm{d}\boldsymbol{\Omega}}{\mathrm{d}t} \wedge \mathbf{O'M}}_{\text{accélération d'entraînement } (a_e)}$$

Forces associées

$$\mathbf{f}_e = -m\mathbf{a}_e$$

$$\mathbf{f}_c = -m\mathbf{a}_c$$

$\mathbf{f}_e$: force d'entraînement
$\mathbf{f}_c$: force de Coriolis
$\mathbf{a}_e$: accélération d'entraînement
$\mathbf{a}_c$: accélération de Coriolis

Référentiel en rotation uniforme autour d'un axe fixe

$$\mathbf{f}_e = m\Omega^2 r\mathbf{u}_r$$

(force centrifuge)

$$\mathbf{f}_c = -2m\boldsymbol{\Omega} \wedge \mathbf{v}(M)_{R'}$$

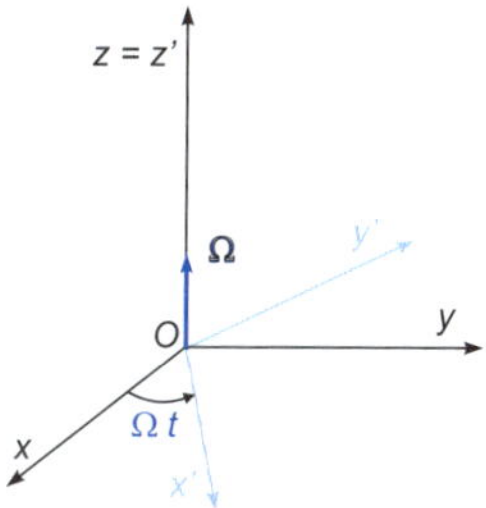

Référentiel galiléen

Dans un référentiel galiléen un point matériel isolé est soit au repos, soit animé d'un mouvement rectiligne uniforme.

3.3 Lois générales de la mécanique

Principe des actions réciproques

$$\mathbf{F}_{1\to2} = -\mathbf{F}_{2\to1}$$

$$\mathbf{M_1M_2} \wedge \mathbf{F}_{1\to2} = \mathbf{0}$$

$\mathbf{F}_{i\to j}$: force de i sur j
M_i : point d'application de la force $F_{i\to j}$

Principe fondamental de la dynamique

$$\frac{\mathrm{d}\mathbf{p}}{\mathrm{d}t} = \sum_i \mathbf{f}_i$$	$\mathbf{p} = m\mathbf{v}$: quantité de mouvement du système $\mathbf{f}_i$: force appliquée au système $\sum_i \mathbf{f}_i$: résultante des forces

Quantité de mouvement d'un système fermé

$$\mathbf{p} = \sum_i m_i \mathbf{v}(P_i) = M\mathbf{v}(G)$$	$\mathbf{p}$: quantité de mouvement du système m_i : masse associée au point matériel P_i M : masse du système G : centre de masse du système

Théorème du moment cinétique en un point fixe

$$\frac{\mathrm{d}\mathbf{L}_O}{\mathrm{d}t} = \mathcal{M}_O\left(\sum_i \mathbf{f}_i\right)$$	$\mathbf{L}_O$: moment cinétique au point de réduction O $\mathcal{M}_O\left(\sum_i \mathbf{f}_i\right)$: moment de la résultante des forces en O

Moment cinétique – Moment cinétique barycentrique

$$\mathbf{L}_B = \mathbf{L}_A + \mathbf{BA} \wedge m\mathbf{v}(M)$$ $$\mathbf{L}^*_{\text{système}} = \mathbf{L}_G$$	$\mathbf{L}_P$: moment cinétique en P m : masse du système $\mathbf{v}(M)$: vitesse du point M $\mathbf{L}^*_{\text{système}}$: moment cinétique barycentrique du système

Théorème de Kœnig du moment cinétique

$$\mathbf{L}_A = \mathbf{L}^* + \mathbf{AG} \wedge M\mathbf{v}(G)$$	$\mathbf{L}(P)$: moment cinétique en P $\mathbf{L}^*$: moment cinétique barycentrique M : masse du système $\mathbf{v}(G)$: vitesse du centre de gravité du système

Moment de forces

$$\mathcal{M}_B(\mathbf{f}) = \mathcal{M}_A(\mathbf{f}) + \mathbf{BA} \wedge \mathbf{f}$$	$\mathcal{M}_P$: moment de force en P $\mathbf{f}$: force appliquée au système

Théorème du moment cinétique en un point mobile

$$\frac{d\mathbf{L}_A}{dt} = \mathcal{M}_A\left(\sum_i \mathbf{f}_i\right) - \mathbf{v}(A) \wedge m\mathbf{v}(P)$$

$\mathbf{L}$: moment cinétique
$\mathcal{M}\left(\sum_i \mathbf{f}_i\right)$: moment de la résultante des forces
m : masse du système
$\mathbf{v}(P)$: vitesse de P

Puissance d'une force

$$\mathcal{P} = \mathbf{f} \cdot \mathbf{v}$$

$\mathcal{P}$: puissance de la force $\mathbf{f}$
$\mathbf{f}$: force
$\mathbf{v}(G)$: vitesse du point matériel

Énergie cinétique d'un point et d'un système de points

$$E_k = \frac{1}{2}mv^2$$

$$E_k = \sum_i \frac{m_i}{2}v_i^2$$

E_k énergie cinétique
m : masse du système
m_i : masse du point matériel P_i
v : vitesse du système
v_i : vitesse du point matériel P_i

Théorème de l'énergie cinétique

$$\frac{dE_k}{dt} = \mathcal{P}$$

E_k : énergie cinétique
$\mathcal{P}$: puissance des forces appliquées au système

Théorème de Kœnig de l'énergie cinétique

$$E_k = E_k^* + \frac{1}{2}mv^2(G)$$

E_k : énergie cinétique
E_k^* : énergie cinétique barycentrique
m : masse du système
$v(G)$: vitesse du centre de gravité du système

Énergie mécanique

$E_\mathrm{m} = E_\mathrm{k} + E_\mathrm{p}$	E_m : énergie mécanique E_k : énergie cinétique E_p : énergie potentielle

Énergies potentielles

– énergie potentielle de pesanteur $E_{\mathrm{p}_{pes}} = Mgz_G$	$E_{\mathrm{p}_{pes}}$: énergie potentielle de pesanteur m : masse du système g : accélération de la pesanteur z_G : cote du centre de gravité du système
– énergie potentielle élastique $E_{\mathrm{p}_{elas}} = \frac{1}{2}k(\Delta l)^2$	$E_{\mathrm{p}_{elas}}$: énergie potentielle élastique k : constante de raideur du ressort Δl : allongement du ressort
– énergie potentielle de gravitation $E_{\mathrm{p}_{grav}} = -\mathcal{G}\frac{m_1 m_2}{r}$	$E_{\mathrm{p}_{grav}}$: énergie potentielle de gravitation $\mathcal{G}$: constante universelle de gravitation m_1, m_2 : masses en interaction r : distance séparant les deux masses
– énergie potentielle électrique $E_{\mathrm{p}_{el}} = qV$	$E_{\mathrm{p}_{el}}$: énergie potentielle électrique q : charge ponctuelle V : potentiel au point où se trouve la charge

Équilibre

$\frac{\mathrm{d}E_\mathrm{p}}{\mathrm{d}x}(x_0) = 0$	x_0 : position d'équilibre E_p : énergie potentielle

Équilibre stable – Équilibre instable

$$\frac{d^2 E_p}{dx^2}(x_0) \geqslant 0$$

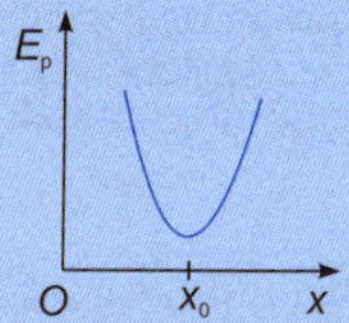

Minimum d'énergie potentielle : équilibre stable

$$\frac{d^2 E_p}{dx^2}(x_0) \leqslant 0$$

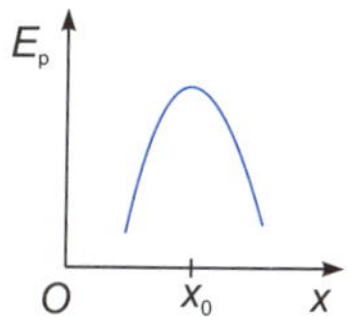

Maximum d'énergie potentielle : équilibre instable

Forces conservatives

$$\mathbf{F}_{cons} = -\mathbf{grad}E_p$$

Les forces conservatives dérivent d'une énergie potentielle.

Théorème de l'énergie mécanique

$$\frac{dE_m}{dt} = \mathcal{P}_{\text{ext non cons}} + \mathcal{P}_{\text{int non cons}}$$

E_m : énergie mécanique
$\mathcal{P}_{\text{ext non cons}}$: puissance des forces extérieures au système non conservatives
$\mathcal{P}_{\text{int non cons}}$: puissance des forces intérieures au système (dans le cas d'un système de points) non conservatives

3.4 Oscillateurs

On se reportera également aux oscillateurs électriques dans la partie électronique de cet ouvrage.

Oscillateur harmonique

$$\frac{d^2 A}{dt^2} + \omega_0^2 A = 0$$

$$A = \alpha \cos \omega_0 t + \beta \sin \omega_0 t$$

$$A = \gamma \cos(\omega_0 t + \varphi)$$

Un oscillateur harmonique est régit par l'équation ci-contre où :
A : grandeur physique
ω_0 : pulsation de l'oscillateur
$\alpha, \beta, \gamma, \varphi$: constantes déterminées par les conditions initiales

Portrait de phase d'un oscillateur harmonique

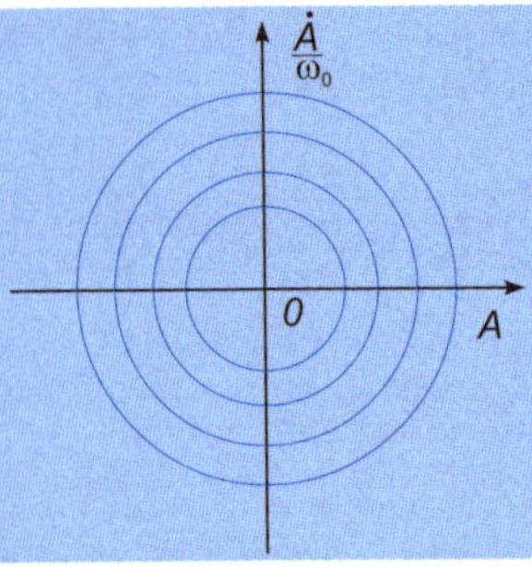

Le portrait de phase d'un oscillateur harmonique est constitué de cercles concentriques.

Oscillateur harmonique amorti

$$\frac{d^2 A}{dt^2} + \frac{\omega_0}{Q}\frac{dA}{dt} + \omega_0^2 A = 0$$

A : grandeur physique
ω_0 : pulsation de l'oscillateur harmonique
Q : facteur de qualité de l'oscillateur

Réponses d'un oscillateur harmonique amorti

$Q > 1/2$, les deux racines de l'équation caractéristique r_1 et r_2 sont réelles, la solution est du type apériodique : $A(t) = \lambda e^{r_1 t} + \mu e^{r_2 t}$

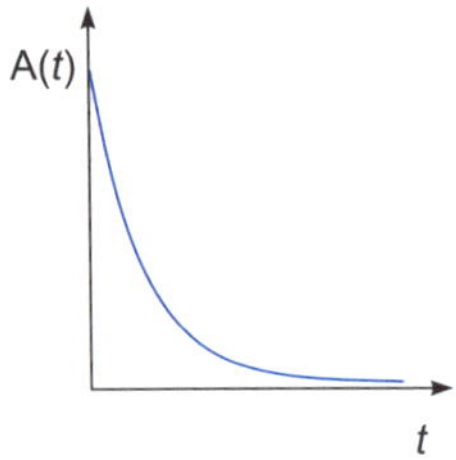

$Q = 1/2$, on est en régime critique, l'équation caractéristique admet une racine double r. La solution est : $A(t) = (\lambda t + \mu)e^{rt}$

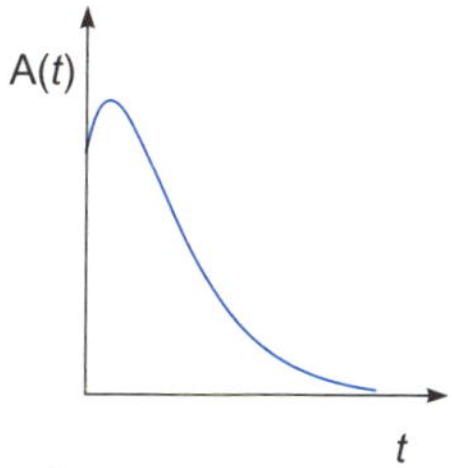

$Q < 1/2$, les deux racines de l'équation caractéristiques sont complexes conjuguées, la solution est alors pseudo-périodique : $A(t) = (\lambda \cos(\beta t) + \mu \sin(\beta t))e^{\alpha t}$ avec α et β respectivement parties réelle et imaginaire de la solution.

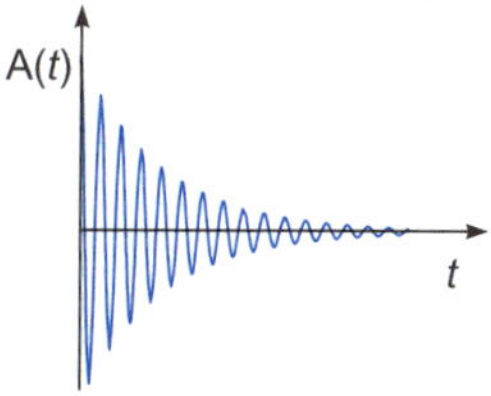

Portrait de phase d'un oscillateur amorti

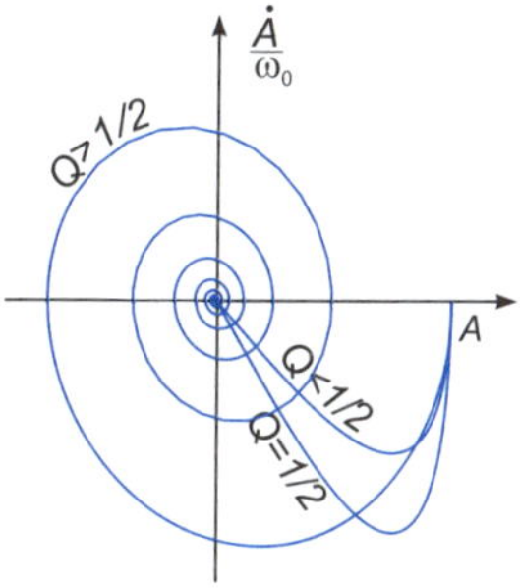

Oscillations forcées

$$\frac{d^2 A}{dt^2} + \frac{\omega_0}{Q}\frac{dA}{dt} + \omega_0^2 A = E(t)$$

A : grandeur physique
ω_0 : pulsation de l'oscillateur harmonique
Q : facteur de qualité de l'oscillateur
$E(t)$: excitation
Si l'excitation est sinusoïdale, on résout une telle équation en utilisant la notation complexe et en posant $\underline{A}(t) = \underline{A}_0 e^{j\omega t}$.
Il ne peut y avoir résonance que si $Q > 1/\sqrt{2}$

3.5 Mouvement d'une particule chargée

Force de Lorentz

$$\mathbf{F} = q(\mathbf{E} + \mathbf{v} \wedge \mathbf{B})$$

F : force de Lorentz
q : charge de la particule
v : vitesse de la particule
B : champ magnétique
E : champ électrique

Mouvement dans un champ magnétique stationnaire uniforme

$$R = \left| \frac{mv_0}{qB} \right|$$

$$\omega = \left| \frac{qB}{m} \right|$$

Ces lois décrivent la trajectoire circulaire d'une particule de masse m et de charge q abandonnée dans un champ magnétique avec une vitesse $\mathbf{v}_0$ orthogonale au champ magnétique **B**.
R : rayon de la trajectoire
ω : vitesse angulaire de la particule

Un champ magnétique ne fait que dévier une particule : il ne l'accélère pas

Effet Hall

$$\mathbf{E}_{\text{Hall}} = -\mathbf{v} \wedge \mathbf{B}$$

$$U_{\text{Hall}} = \frac{BI}{nq\ell}$$

$\mathbf{E}_{\text{Hall}}$: champ électrique créé par effet Hall
U_{Hall} : différence de potentiel qui apparaît aux bornes de la sonde
v : vitesse des particules
B : champ magnétique
I : intensité du courant traversant la sonde
n : densité particulaire
q : charge de la particule
ℓ : largeur de la sonde

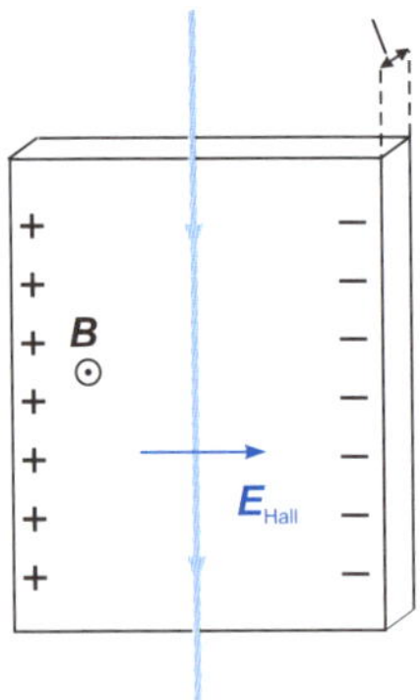

3.6 Systèmes de deux points matériels

Système isolé de deux points matériels

Pour étudier un système isolé de deux points matériels de masse m_1 et m_2, on étudie le mouvement d'une particule équivalente dans le référentiel barycentrique et de masse $\mu = \dfrac{m_1 m_2}{m_1 + m_2}$ située en un point M tel que $\mathbf{GM} = \mathbf{M_1M_2} = \mathbf{r}$.

$$\mathbf{GM_1} = \frac{-m_2}{m_1 + m_2}\mathbf{M_1M_2}$$

$$\mathbf{GM_2} = \frac{m_1}{m_1 + m_2}\mathbf{M_1M_2}$$

$$(m_1 + m_2)\mathbf{v}(G) = \mathbf{cste}$$

m_i : masse de la particule se trouvant en M_i
μ : masse réduite
G : centre de gravité du système
$\mathbf{v}(G)$: vitesse de ce centre de gravité
$\mathbf{v}_i$: vitesse de la particule se trouvant en M_i

Conservation du moment cinétique

$$\mathbf{L}_O = m\mathbf{C}$$

$$\mathbf{p} = \mathbf{Cste}$$

Dans le cas d'un système isolé de deux particules, il y a conservation du moment cinétique et de la quantité de mouvement.
$\mathbf{L}$: moment cinétique
P : point fictif (représentant le mobile équivalent)
$\mathbf{v}(P)$: vitesse de ce point
m : masse du système
$\mathbf{C}$: constante des aires

Planéité de la trajectoire – Loi des aires

La trajectoire est plane et la vitesse aréolaire est constante :

$$\frac{\mathrm{d}A}{\mathrm{d}t} = \frac{C}{2}$$

« Pour des temps égaux, les aires balayées sont égales. »

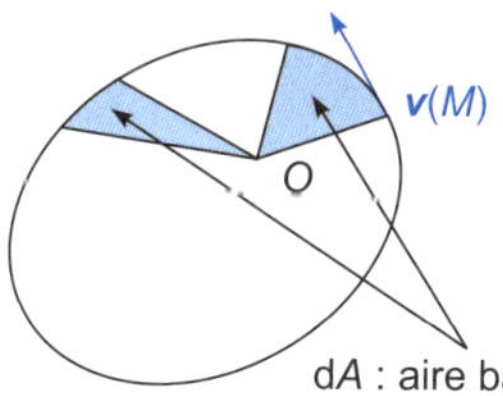

Énergie potentielle efficace

$$E_m^* = \frac{1}{2}\mu\dot{r}^2 + E_{p_{eff}} = E_0$$

$$E_{p_{eff}} = \frac{\mu C^2}{2r^2} + E_{p_{int}}(r)$$

Pour un système isolé de deux point matériels, il y a conservation de l'énergie mécanique barycentrique.

E_m^* : énergie mécanique barycentrique

$E_{p_{eff}}$: énergie potentielle efficace

$E_{p_{int}}(r)$: énergie potentielle intérieure

μ : masse réduite $\left(\mu = \dfrac{m_1 m_2}{m_1 + m_2}\right)$

$r = M_1M_2$

C : constante des aires

Formules de Binet

$$\mathbf{v} = -C\frac{\mathrm{d}u}{\mathrm{d}\theta}\mathbf{u}_r + Cu\mathbf{u}_\theta$$

$$\mathbf{a} = -C^2u^2\left(\frac{\mathrm{d}^2 u}{\mathrm{d}\theta^2} + u\right)\mathbf{u}_r$$

$$u = \frac{1}{r}$$

$\mathbf{v}$: vitesse

$\mathbf{a}$: accélération

C : constante des aires

θ : angle polaire

$\mathbf{u}_r$: vecteur radial

$\mathbf{u}_\theta$: vecteur orthoradial

Trajectoires newtonniennes en coordonnées polaires

$$r(\theta) = \frac{p}{1 + e\cos(\theta - \theta_0)}$$

p : paramètre de la conique

e : excentricité de la conique

e et θ_0 sont déterminés par les conditions initiales

Lois de Kepler

Ces lois décrivent les trajectoires des planètes en supposant le référentiel de Kepler centré sur le soleil galiléen et les trajectoires des différentes planètes indépendantes.

1. Les orbites des planètes sont des ellipses ayant le soleil pour foyer.
2. La vitesse aréolaire est constante : pour des temps égaux, les aires balayées sont égales.

3. Le carré de la période est proportionnelle au cube du grand axe :
$$T^2 = \frac{4\pi^2 a^3}{GM_{\text{soleil}}}$$

Choc de deux particules isolées

$$(\mathbf{p_1} + \mathbf{p_2})_{\text{avant}} = (\mathbf{p_1} + \mathbf{p_2})_{\text{après}}$$

p_i : quantité de mouvement de la particule i
Il y a conservation de la quantité de mouvement lors de la collision de deux particules isolées.

Choc élastique

$$(E_{k_1} + E_{k_2})_{\text{avant}} = (E_{k_1} + E_{k_2})_{\text{après}}$$

E_{k_i} : énergie cinétique de la particule i

Un choc est dit élastique si le nombre, la nature et l'énergie interne des particules mises en jeu ne change pas. Dans ce cas, il y a conservation de l'énergie cinétique.

4. Mécanique du solide

4.1 Cinématique du solide

Champ de vitesse du solide

$$\mathbf{v}(A,t) = \mathbf{v}(B,t) + \mathbf{AB} \wedge \mathbf{\Omega}(t)$$

$\mathbf{v}$: vitesse du point du solide considéré
$\mathbf{\Omega}$: vecteur instantané de rotation du solide

Roulement sans glissement

$$\mathbf{v}_{g\,S_1/S_2} = \mathbf{v}(I_{S_1}) - \mathbf{v}(I_{S_2}) = \mathbf{0}$$

$\mathbf{v}(I_{S_k})$: vitesse du point appartenant au solide S_k et coïncident avec le point I de contact entre les deux solides
$\mathbf{v}_{g\,S_1/S_2}$: vitesse de glissement de S_1 par rapport à S_2

Énergie cinétique du solide

$$E_k = \underbrace{\frac{1}{2}mv^2(G)}_{\text{translation}} + \underbrace{\frac{1}{2}J_\Delta\Omega^2}_{\text{rotation propre}}$$

E_k : énergie cinétique
m : masse du solide
$v(G)$: vitesse du centre d'inertie
J_Δ : moment d'inertie par rapport à l'axe de rotation instantané du solide dans le référentiel barycentrique
$\mathbf{\Omega}$: vecteur vitesse de rotation instantané

Moment d'inertie

Moment d'inertie par rapport à l'axe Δ :

$$J_\Delta = \iiint_{\text{solide}} r^2 \, \mathrm{d}m$$

Éléments cinétiques :
$L_\Delta = J_\Delta \Omega$ (Moment cinétique)
$E_k = \frac{1}{2} J_\Delta \Omega^2$ (Énergie cinétique)

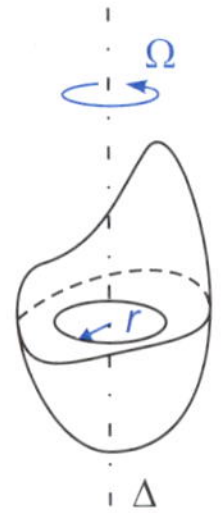

Théorème d'Huygens

$$J_\Delta = J_G + ma^2$$

J_Δ : moment d'inertie par rapport à l'axe de rotation
J_G : moment d'inertie par rapport à l'axe passant par G et parallèle à Δ

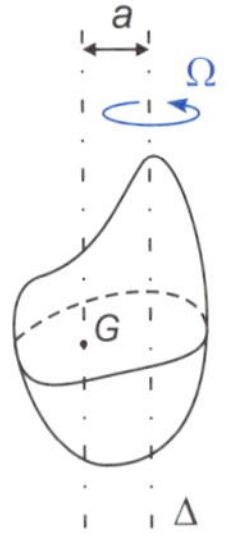

Quelques moments d'inertie classiques

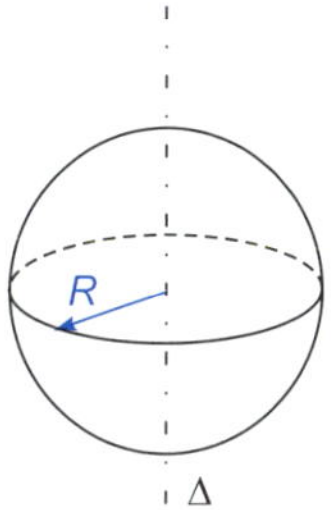

sphère pleine
homogène de masse m
$$J_\Delta = \frac{2}{5} m R^2$$

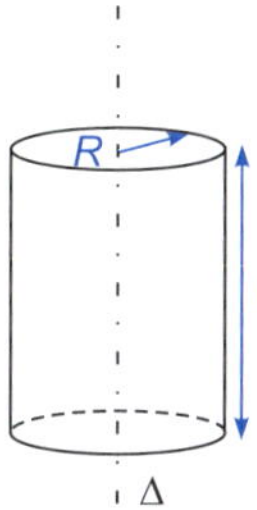

cylindre plein
homogène de masse m
$$J_\Delta = \frac{1}{2} m R^2$$

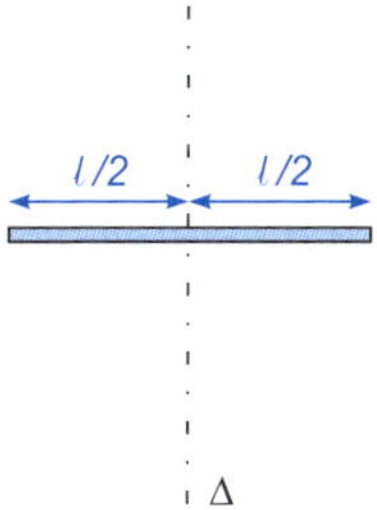

tige mince
homogène de masse m
$$J_\Delta = \frac{1}{12} m \ell^2$$

4.2 Théorèmes généraux de la dynamique

Théorème du centre d'inertie

$$m \frac{\mathrm{d}\mathbf{v}_G}{\mathrm{d}t} = \sum_i \mathbf{f}_i$$

$\mathbf{v}_G$: vitesse du centre d'inertie du solide
$\mathbf{f}_i$: force extérieure appliquée au solide

Théorème du moment cinétique

$$\frac{\mathrm{d}\mathbf{L}_O}{\mathrm{d}t} = \sum_i \mathbf{OM}_i \wedge \mathbf{f}_i$$

$\mathbf{L}_O$: moment cinétique du solide en O, point immobile
$\mathbf{f}_i$: force extérieure appliquée au solide
M_i : point d'application de la force f_i

Moment cinétique – Moment cinétique barycentrique

$$\mathbf{L}_B = \mathbf{L}_A + \mathbf{BA} \wedge m\mathbf{v}(P)$$

$$\mathbf{L}^*_{\text{système}} = \mathbf{L}_G$$

$\mathbf{L}$: moment cinétique
m : masse du solide
$\mathbf{v}(P)$: vitesse du point P
$\mathbf{L}^*_{\text{système}}$: moment cinétique barycentrique du solide

Théorème de Kœnig du moment cinétique

$\mathbf{L}_A = \mathbf{L}^* + \mathbf{AG} \wedge m\mathbf{v}(G)$	$\mathbf{L}$: moment cinétique $\mathbf{L}^*$: moment cinétique barycentrique m : masse du système $\mathbf{v}(G)$: vitesse du centre de gravité du solide

Théorème de l'énergie cinétique

$\dfrac{\mathrm{d}E_\mathrm{k}}{\mathrm{d}t} = \mathcal{P}_\mathrm{ext}$	E_k : énergie cinétique $\mathcal{P}_\mathrm{ext}$: puissance des forces extérieures appliquées au solide

Puissance des forces appliquées à un solide

$\mathcal{P} = \mathbf{F} \cdot \mathbf{v}(G) + \boldsymbol{\mathcal{M}}_G \cdot \boldsymbol{\Omega}$	$\mathcal{P}$: puissance des forces appliquées au solide $\mathbf{F}$: force résultante $\mathbf{v}(G)$: vitesse du centre d'inertie du solide $\boldsymbol{\mathcal{M}}$: moment des forces extérieures en G $\boldsymbol{\Omega}$: vecteur de rotation instantanée du solide

Théorème de Kœnig de l'énergie cinétique

$E_\mathrm{k} = E_\mathrm{k}^* + \dfrac{1}{2}mv^2(G)$	E_k : énergie cinétique E_k^* : énergie cinétique barycentrique m : masse du solide $\mathbf{v}(G)$: vitesse du centre d'inertie du solide

Théorème de l'énergie mécanique

$\dfrac{\mathrm{d}E_\mathrm{m}}{\mathrm{d}t} = \mathcal{P}_\text{ext non cons}$	E_m : énergie mécanique $\mathcal{P}_\text{ext non cons}$: puissance des forces extérieures non conservatives

Liaison pivot

Pour une liaison pivot parfaite, $\mathcal{M}_\Delta = 0$, où $\mathcal{M}_\Delta$ est le moment des actions de contact.

4.3 Contacts entre les solides

Roulement sans glissement

$$\mathbf{v}_{\text{g de } S_1/S_2} = \mathbf{v}(I_{S_1}) - \mathbf{v}(I_{S_2}) = \mathbf{0}$$

$\mathbf{v}(I_{S_k})$: vitesse du point appartenant au solide S_k et coïncident avec le point I de contact entre les deux solides
$\mathbf{v}_{\text{g de } S_1/S_2}$: vitesse de glissement du solide S_1 par rapport au solide S_2

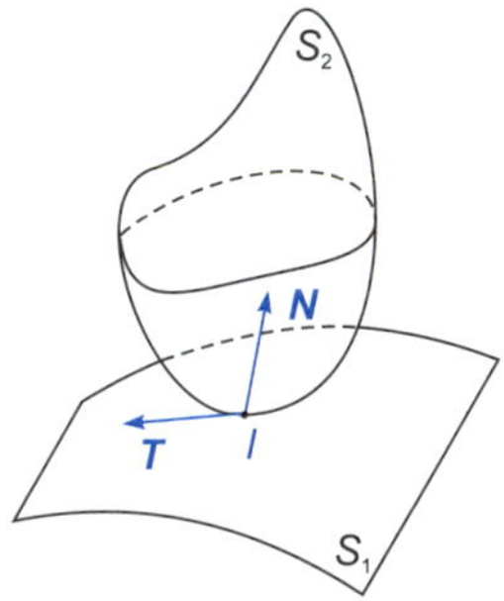

Lois de Coulomb

1. La réaction normale **N** est dirigée vers l'extérieur du support.
2. Condition de roulement sans glissement :

$$\|\mathbf{T}\| < f_s \|\mathbf{N}\|$$

où **T** est la réaction tangentielle ou force de frottement, **N** la réaction normale et f_s le coefficient de frottements statiques.
3. S'il y a glissement, **T** est dans la même direction que la vitesse de glissement et de sens opposé. Alors :

$$\|\mathbf{T}\| = f_d \|\mathbf{N}\|$$

où f_d est le coefficient de frottement dynamique, souvent confondu avec f_s.

5. Mécanique des fluides

5.1 Statique des fluides

Équivalent volumique des forces de pression

$$\mathrm{d}\mathbf{F} = -(\mathbf{grad}\,p)\,\mathrm{d}\tau$$

d**F** : résultante des forces de pression s'exerçant sur un volume dτ
p : pression du fluide

Relation fondamentale de la statique des fluides

$$\mathbf{grad}\, p = \rho \mathbf{f}$$

p : pression
ρ : masse volumique du fluide
$\mathbf{f}$: densité volumique de forces ($\mathbf{g}$, si le corps est soumis à son seul poids).

Poussée d'Archimède

$$\mathbf{\Pi} = -\rho \mathbf{g} \tau$$

$\mathbf{\Pi}$: poussée d'Archimède
ρ : masse volumique du fluide
$\mathbf{g}$: accélération de pesanteur
τ : volume du corps immergé
Un corps immergé dans un fluide subit de la part de ce dernier une poussée verticale ascendante égale en module au poids du fluide déplacé.

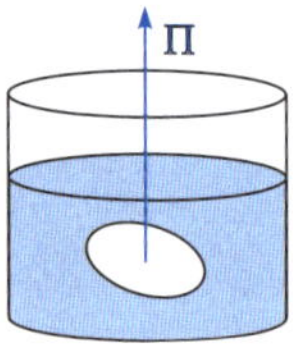

5.2 Dynamique des fluides

Vecteur courant de masse

$$\mathbf{j}_{\mathrm{m}} = \rho \mathbf{v}$$

$\mathbf{j}_{\mathrm{m}}$: vecteur courant de masse
ρ : masse volumique du fluide
$\mathbf{v}$: vitesse du fluide

Débit massique

$$D_{\mathrm{m}} = \iint_S \mathbf{j}_{\mathrm{m}} \cdot \mathbf{n}\, \mathrm{d}S$$

$$D_{\mathrm{m}} = \rho S v_{\mathrm{moy}}$$

$\mathbf{j}_{\mathrm{m}}$: vecteur courant de masse
$\mathbf{n}$: normale à la surface
v_{moy} : vitesse moyenne sur la section
Si la vitesse est constante sur la section alors : $D_{\mathrm{m}} = \rho S v$.

On utilise également le débit volumique défini par :

$$D_{\mathrm{v}} = \iint_S \mathbf{v} \cdot \mathbf{n}\, \mathrm{d}S$$

Quelques valeurs importantes de masses volumiques	
$\rho_{\text{eau}} = 10^3\ \text{kg}\cdot\text{m}^{-3}$	$\rho_{\text{air}} \sim 1\ \text{kg}\cdot\text{m}^{-3}$ Cetta valeur dépend fortement de la température.

Équation de conservation de la masse	
$\text{div}\,\mathbf{j}_\text{m} + \dfrac{\partial\rho}{\partial t} = 0$	$\mathbf{j}_m$: vecteur courant de masse ρ : masse volumique

Écoulement d'un fluide incompressible	
$\text{div}\,\mathbf{v} = 0$	$\mathbf{v}$: vitesse du fluide

Accélération d'une particule de fluide	
$\mathbf{a} = \dfrac{\text{D}\mathbf{v}}{\text{D}t} = \dfrac{\partial\mathbf{v}}{\partial t} + (\mathbf{v}\cdot\mathbf{grad})\,\mathbf{v}$ $\dfrac{\text{D}\mathbf{v}}{\text{D}t} = \dfrac{\partial\mathbf{v}}{\partial t} + \mathbf{grad}\dfrac{v^2}{2} + (\mathbf{rot}\,\mathbf{v})\wedge\mathbf{v}$	$\mathbf{a}$: accélération d'une particule de fluide $\dfrac{\text{D}\mathbf{v}}{\text{D}t}$: dérivée particulaire $\dfrac{\partial\mathbf{v}}{\partial t}$: dérivée locale $(\mathbf{v}\cdot\mathbf{grad})\,\mathbf{v}$: dérivée convective

Écoulement irrotationnel	
$\mathbf{v} = \mathbf{grad}\varphi$	$\mathbf{v}$: vitesse du fluide φ : potentiel scalaire des vitesses

5.3 Actions de contact dans un fluide

Force de viscosité	
$\mathbf{f} = -\eta\dfrac{\partial v}{\partial z}S\mathbf{u}_x$	$\mathbf{f}$: force de viscosité η : viscosité dynamique du fluide $v(z,t)\mathbf{u}_x$: vitesse du fluide $\mathbf{u}_x$: vecteur unitaire directionnel de l'écoulement S : surface de contact

Interprétation diffusive de la viscosité

$$\eta = \frac{nm\ell u}{3}$$

η : viscosité dynamique du fluide
n : densité particulaire
m : masse des particules constituant le fluide
ℓ : libre parcours moyen
u : vitesse quadratique
Pour un gaz, $\eta = \rho D$

Équation de Navier–Stokes

$$\rho\left(\frac{\partial \mathbf{v}}{\partial t} + (\mathbf{v}\cdot\mathbf{grad})\,\mathbf{v}\right) = -\mathbf{grad}p + \eta\Delta\mathbf{v} + \rho\mathbf{g}$$

$\mathbf{v}$: vitesse du fluide
ρ : masse volumique du fluide
p : pression
$\mathbf{g}$: accélération de pesanteur
η : viscosité dynamique
$(\mathbf{v}\cdot\mathbf{grad})\,\mathbf{v}$: dérivée convective
$\eta\Delta\mathbf{v}$: terme diffusif

Nombre de Reynolds

$$Re = \frac{\rho v L}{\eta}$$

Re : nombre de Reynolds
ρ : masse volumique du fluide
v : vitesse caractéristique de l'écoulement
L : longueur caractéristique de l'écoulement
η : viscosité dynamique du fluide

– Si $Re \geqslant 10^3$ l'écoulement est turbulent.
– Si $Re \leqslant 1$ l'écoulement est laminaire.

Premier écoulement de Couette

$$\mathbf{v}(z) = v_0\frac{z}{h}\mathbf{u}_x$$

$$z \in [0, h]$$

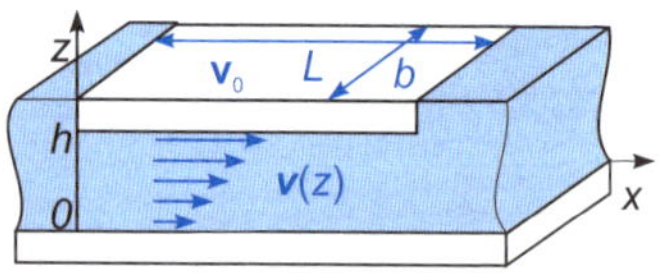

5.4 Écoulements parfaits

Position du problème

On appelle écoulement parfait un écoulement à grand nombre de Reynolds où le terme de viscosité est négligeable (sauf dans une très faible épaisseur appelée couche limite) devant les termes d'inertie.

Équation d'Euler

$$\rho\left(\frac{\partial \mathbf{v}}{\partial t}+(\mathbf{v}\cdot\mathbf{grad})\,\mathbf{v}\right)=-\mathbf{grad}p+\rho\mathbf{g}$$

ρ : masse volumique du fluide
$\mathbf{v}$: vitesse du fluide
p : pression
$\mathbf{g}$: accélération de pesanteur
Cette équation est l'équation de Navier–Stokes à laquelle on ôte le terme de viscosité.

Théorème de Bernoulli

$$\frac{1}{2}\rho v^2+p+\rho g z=cste$$

Conditions d'applications :
1. écoulement parfait (pas de force de viscosité) ;
2. écoulement stationnaire : $\left(\frac{\partial \mathbf{v}}{\partial t}(M,t)=0\right)$;
3. fluide incompressible ;
4. pas de forces extérieures autres que la pesanteur uniforme.

La quantité de Bernoulli est constante sur une ligne de courant.
ρ : masse volumique du fluide
v : vitesse du fluide
p : pression
g : accélération de pesanteur
z : cote
Si l'écoulement est irrotationnel, la quantité de Bernoulli est constante sur tout l'écoulement.

Relation de Torricelli

$$v_0=\sqrt{2gh}$$

v_0 : vitesse de sortie
g : accélération de pesanteur
h : différence de niveau entre la surface libre du fluide et l'orifice

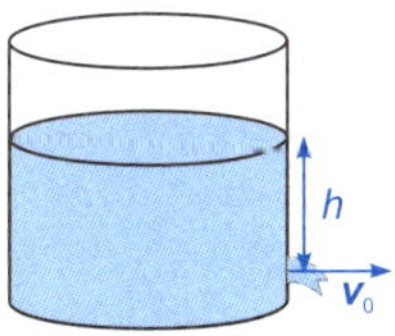

Effet Venturi

Dans un écoulement parfait horizontal d'un fluide incompressible, la pression est d'autant plus faible que la vitesse est élevée.

$$v_1 > v_0$$
$$p_1 < p_0$$

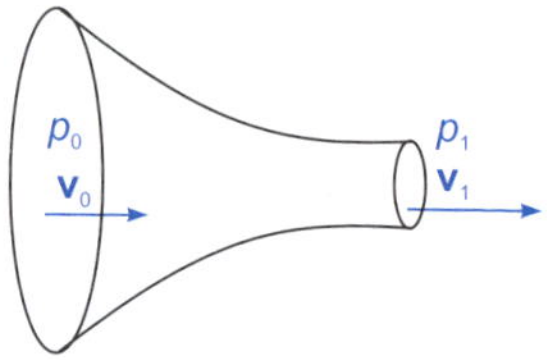

Pression d'un point d'arrêt

$$p_A = p_0 + \frac{1}{2}\rho v_0^2$$

p_A : pression du point d'arrêt
p_0 : pression du fluide non perturbé
v_0 : vitesse du fluide non perturbé
ρ : masse volumique du fluide

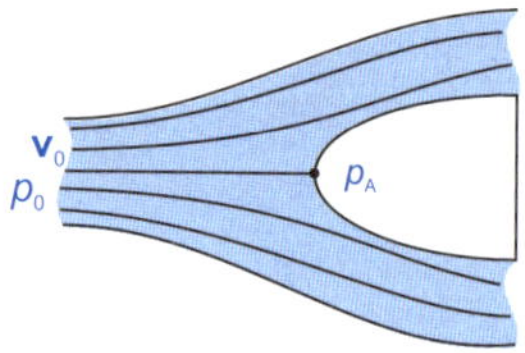

Tube de Pitot

$$h = \frac{\rho_{gaz} v_0^2}{2\rho_{liq} g}$$

h : différence de niveau
v_0 : vitesse d'écoulement du gaz dans la canalisation
ρ_{gaz} : masse volumique du gaz en écoulement
ρ_{liq} : masse volumique du liquide dans le tube de Pitot
g : accélération de pesanteur
Ce tube permet de mesurer la vitesse d'écoulement d'un gaz.

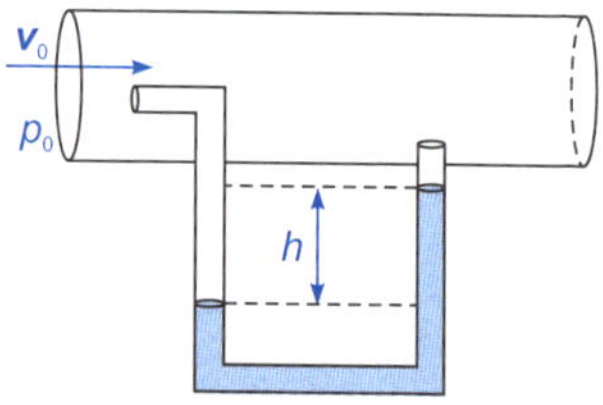

Écoulement irrotationnel autour d'un cylindre

$$\mathbf{v} = \mathbf{grad}\,\varphi$$

$$\varphi = v_0 \cos\theta \left(r + \frac{a^2}{r} \right)$$

$\mathbf{v}$: vitesse d'écoulement du fluide
φ : potentiel des vitesses
v_0 : vitesse du fluide non perturbé

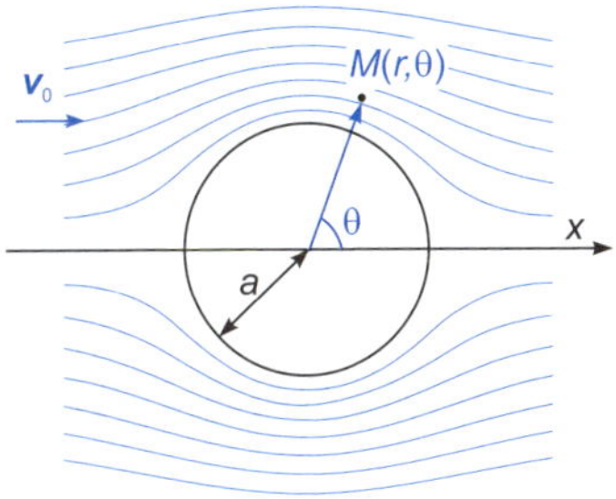

5.5 Bilans sur les écoulements

Théorème d'Euler

En régime stationnaire :

$$\mathbf{F}_{\text{fluide}} = D_{\text{m}}(\mathbf{v}_1 - \mathbf{v}_0)$$

$\mathbf{F}_{\text{fluide}}$: force exercée par le fluide extérieur sur le système
D_{m} : débit massique
$\mathbf{v}_1$: vitesse de sortie
$\mathbf{v}_0$: vitesse d'entrée

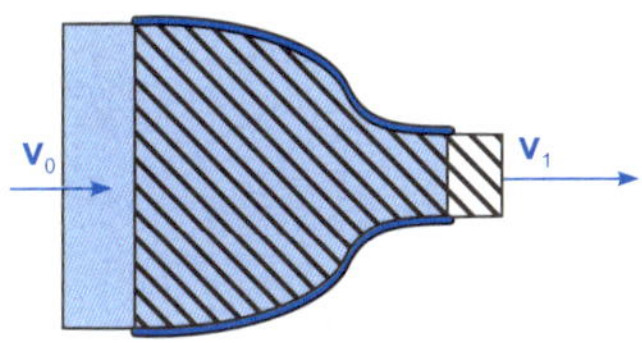

6. Optique

6.1 Généralités

Propagation dans le vide d'une onde lumineuse

$$\lambda = cT = \frac{c}{\nu}$$

λ : longueur d'onde du signal
c : vitesse de la lumière dans le vide
ν : fréquence du signal
T : période du signal

Propagation dans un milieu transparent, isotrope, homogène

$$v = \frac{c}{n}$$

$$\lambda = vT = \frac{v}{\nu}$$

v : vitesse de la lumière dans le milieu
n : indice du milieu
T : période du signal
ν : fréquence du signal

Spectre

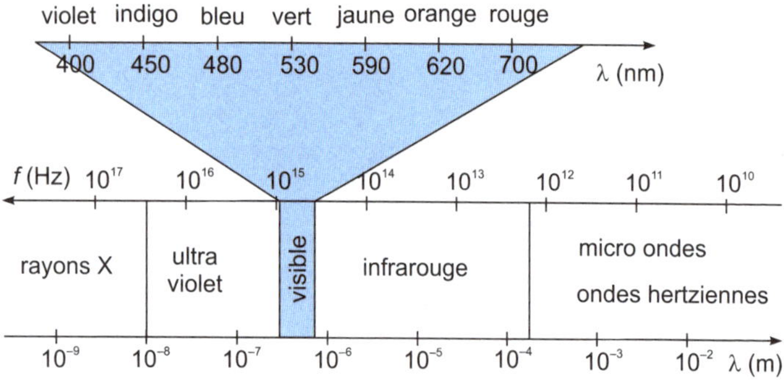

6.2 Optique géométrique

Loi de Snell–Descartes

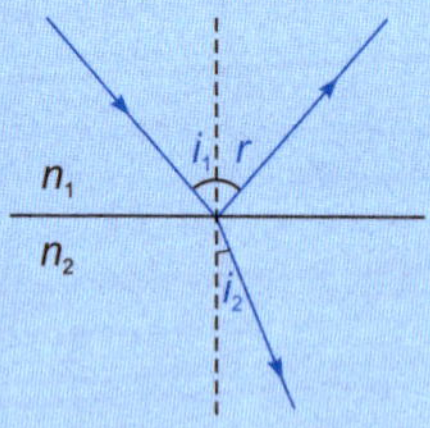

$$n_1 \sin i_1 = n_2 \sin i_2$$

$$r = i_1$$

Prisme

$$\sin i_1 = n \sin r_1$$

$$\sin i_2 = n \sin r_2$$

$$r_1 + r_2 = A$$

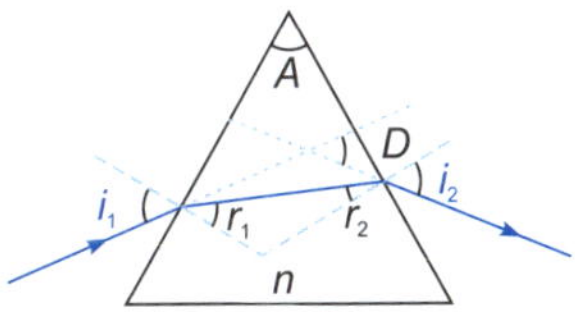

Déviation du prisme

$$D = i_1 + i_2 - A$$

$$D_\mathrm{m} = 2 \arcsin\left(n \sin \frac{A}{2}\right) - A$$

D : déviation
A : angle au sommet du prisme
D_m : minimum de déviation
i : angle d'incidence au minimum de déviation

Approximation de Gauss

Pour se placer dans l'approximation de Gauss, il faut des faisceaux peu ouverts et des angles d'incidence petits.

Dioptre sphérique

$$\frac{n_1}{p'} - \frac{n_2}{p} = \frac{n_1 - n_2}{r}$$

p : abscisse du point objet
p' : abscisse du point image
$R = \overline{SC}$: rayon algébrique du dioptre

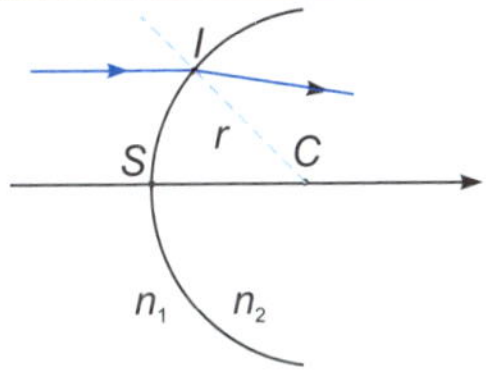

Miroirs sphériques

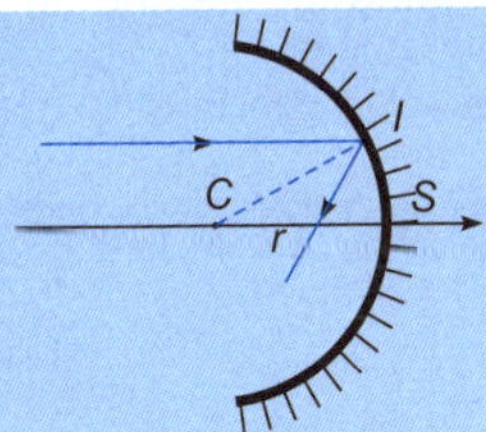

Miroir concave ($R = \overline{SC} < 0$)

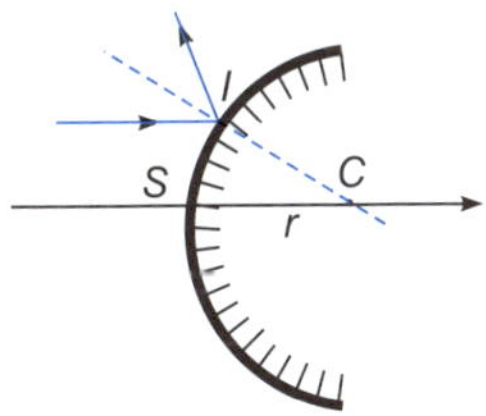

Miroir convexe ($R = \overline{SC} > 0$)

Relation de conjugaison des miroirs sphériques

$$\frac{1}{p'} + \frac{1}{p} = \frac{2}{R}$$

R : rayon algébrique du miroir ($R < 0$ pour un miroir concave et $R > 0$ pour un miroir divergent).
p' : distance algébrique de S au point image
p : distance algébrique de S au point objet

Miroir plan

$$p' = -p$$

p' : distance algébrique de S au point image
p : distance algébrique de S au point objet

Lentilles minces

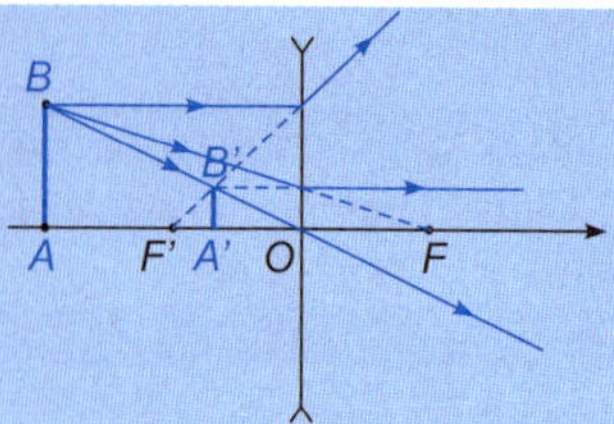

Lentille divergente

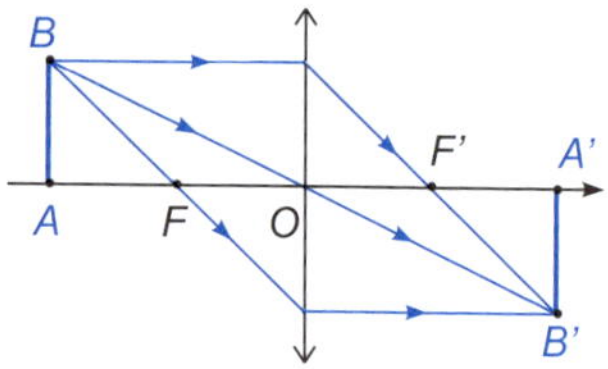

Lentille convergente

Relation de conjugaison des lentilles minces

$$\frac{1}{p'} - \frac{1}{p} = \frac{1}{f'}$$

f' : distance focale de la lentille ($f' < 0$ pour une lentille divergente et $f' > 0$ pour une lentille convergente).
p' : distance algébrique du foyer au point image
p : distance algébrique du foyer au point objet

Relation de Descartes – Relation de Newton

$$\frac{f'}{p'} + \frac{f}{p} = 1$$

(relation de Descartes)

$$ff' = (p' - f')(p - f)$$

(relation de Newton)

Grandissement

$$\gamma = \frac{p'}{p}$$

γ : grandissement
p' : distance algébrique de O au point image
p : distance algébrique de O au point objet

6.3 Interférences lumineuses

Obtention d'interférences

On ne peut obtenir d'interférences qu'avec des rayons lumineux issus de deux sources cohérentes secondaires, obtenues avec une seule source par division ou du front d'onde ou de l'amplitude.

Chemin optique dans un milieu homogène isotrope

$$[SM] = c \cdot \tau_{SM}$$

$[SM]$: chemin optique de S à M
c : vitesse de la lumière dans le vide
τ_{SM} : temps mis par le signal pour parcourir la distance SM

Différence de marche

$$\delta = [SP_1M] - [SP_2M]$$

δ : différence de marche
$[SP_jM]$: chemin optique du rayon passant par P_j

Vibration lumineuse

$$s(M) = s_0 \cos\left(\omega t - \varphi_S - \frac{2\pi}{\lambda}[SM]\right)$$

$s(M)$: vibration lumineuse en M
S_0 : amplitude de la vibration
ω : pulsation de la vibration lumineuse
φ_S : phase de la vibration à la source
λ : longueur d'onde
$[SM]$: chemin optique de S à M

Vibration complexe

$$\underline{s}(M) = S_0 e^{i(\omega t - \varphi_s)} e^{-\frac{2i\pi}{\lambda}[SM]}$$

$\underline{s}(M)$: vibration lumineuse complexe en M
S_0 : amplitude de la vibration
ω : pulsation de la vibration lumineuse
φ_S : phase de la vibration à la source
λ : longueur d'onde
$[SM]$: chemin optique de S à M

Plan d'onde

On appelle plan d'onde un plan où tous les points sont dans le même état vibratoire.

Théorème de Malus

Les rayons lumineux sont perpendiculaires en tout point aux surfaces d'ondes.

Éclairement

$$E(M) = \alpha s^2(M)$$

$$E(M) = \frac{1}{2}\alpha \underline{s}(M)\underline{s}^*(M)$$

$E(M)$: éclairement au point M
$\alpha = c\varepsilon_0$: une constante positive (E est en fait le vecteur de Poyting, voir cours d'électromagnétisme)
$s(M)$: vibration lumineuse en M
$\underline{s}(M)$: vibration lumineuse complexe en M

Interférences

$$E(M) = 2E_0(1 + \cos \Delta\varphi(M))$$

$E(M)$: éclairement
E_0 : éclairement de la source
$\Delta\varphi(M)$: déphasage en M
L'écran est brillant si $\Delta\varphi = 2k\pi$, $k \in \mathbb{Z}$
L'écran est noir si :
$\Delta\varphi = (2k+1)\frac{\pi}{2}$, $k \in \mathbb{Z}$

Ordre d'interférence

$$p = \frac{\Delta\varphi}{2\pi} = \frac{\delta}{\lambda}$$

p : ordre d'interférence
$\Delta\varphi$: déphasage en M
δ : différence de marche
λ : longueur d'onde
L'écran est brillant si $p \in \mathbb{Z}$
L'écran est sombre si $p \in \mathbb{Z} + \frac{1}{2}$

Contraste

$$C = \frac{E_{max} - E_{min}}{E_{max} + E_{min}}$$

C : contraste
E_{max} : éclairement maximum
E_{min} : éclairement minimum

Trous d'Young

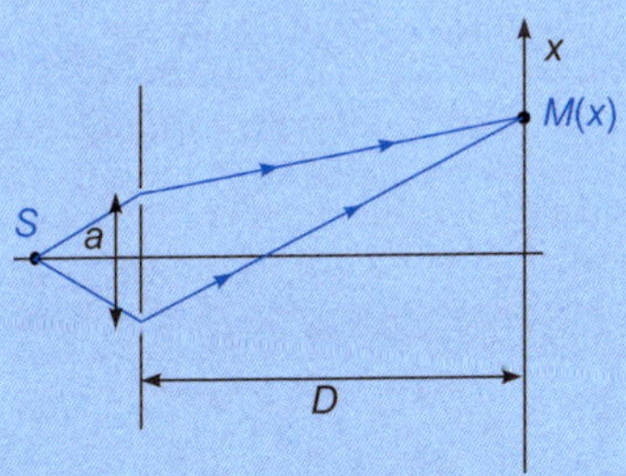

$$\delta(x) = \frac{ax}{D} \text{ (différence de marche)}$$

$$E(x) = 2E_0\left(1 + \cos\frac{2\pi}{\lambda}\frac{ax}{D}\right)$$

$$i = \frac{\lambda D}{a} \text{ (interfrange)}$$

6.4 Interféromètre de Michelson

Schéma

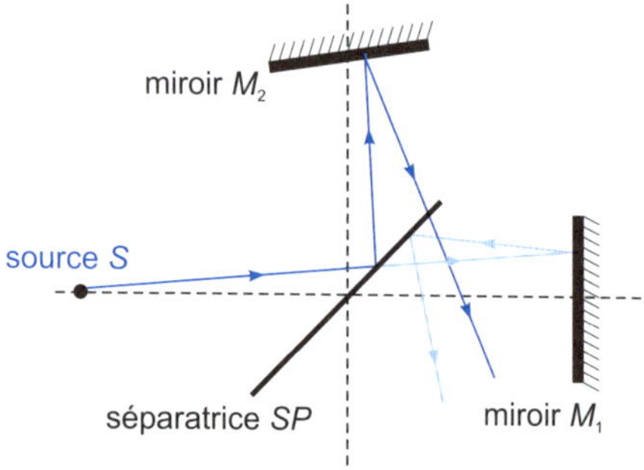

Schémas équivalents avec une source ponctuelle

Coin d'air :

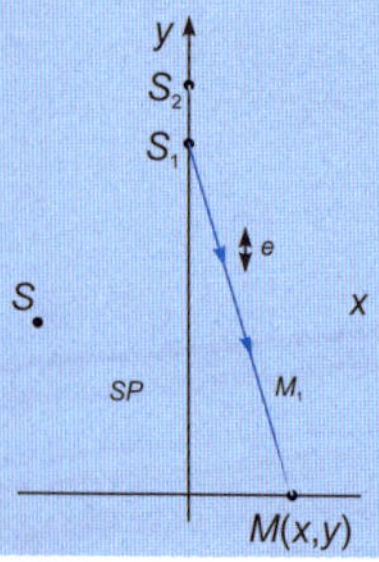

Lame d'air :

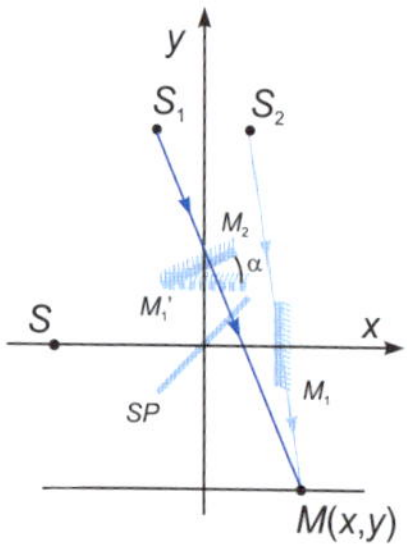

Source ponctuelle – Source étendue

Dans la suite nous considérerons que l'interféromètre est éclairé avec une source étendue : les interférences sont localisées à l'infini (observables dans le plan focal image d'une lentille convergente) alors qu'elles sont délocalisées avec une source ponctuelle.

Lame d'air

$$\delta = 2e\cos i$$

δ : différence de marche
i : angle d'incidence
e : « épaisseur » entre les miroirs

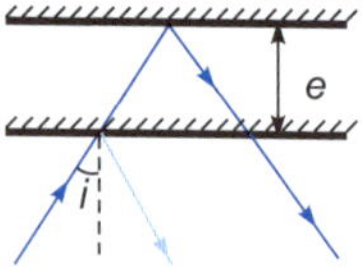

Figure d'interférence

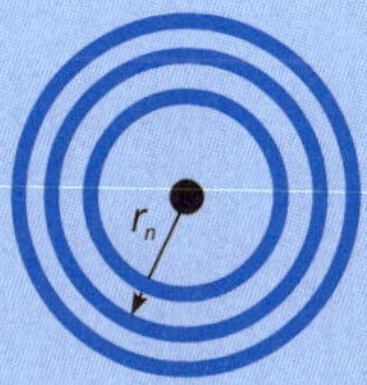

$$r_n = \sqrt{\frac{\lambda f'}{e}}\sqrt{n}$$

Par symétrie, des anneaux.
r_n : rayon du n^e anneau
λ : longueur d'onde
e : « épaisseur » entre les miroirs
f' : distance focale de la lentille utilisée pour l'observation
(valable si le centre de la figure d'interférence est brillant)

Coin d'air

$$\delta = 2\alpha x$$

δ : différence de marche
α : angle entre les deux miroirs (quelques dixièmes de degrés)
x : abscisse du point du miroir considéré

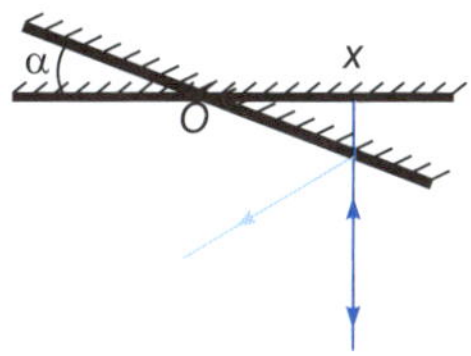

Figure d'interférence

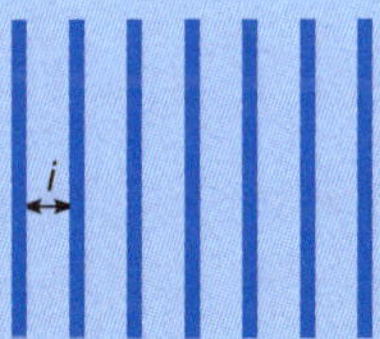

$$i = \frac{\lambda\gamma}{2\alpha}$$

Par symétrie, des franges.
i : interfrange
λ : longueur d'onde
α : angle entre les deux miroirs
γ : grandissement de la lentille utilisée pour l'observation

Source émettant un doublet

$$E(e) = 4E_0\left(1 + V(e)\cos\left(\frac{4\pi e}{\lambda_0}\right)\right)$$

$$V(e) = \cos\left(2\pi\frac{\delta\lambda}{\lambda_0^2}e\right)$$

On observe des battements :

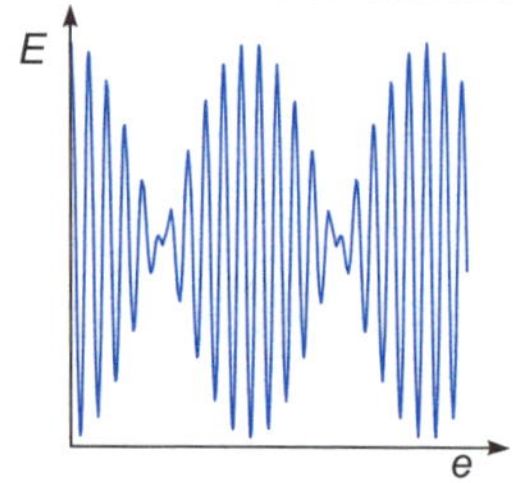

Luminance

Entre les fréquences ν et $\nu + d\nu$ la source émet :

$$dE = L(\nu)\,d\nu$$

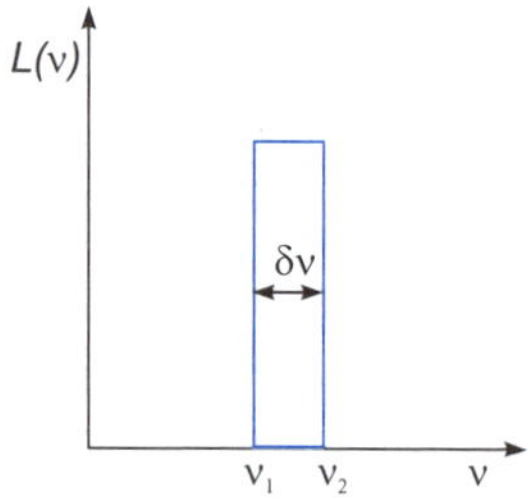

Source à raie spectrale

$$E(e) = 4E_0\left(1 + V(e)\cos\left(\frac{4\pi e}{\lambda_0}\right)\right)$$

$$V(e) = \text{sin}_c\left(2\pi\frac{\delta\lambda}{\lambda_0^2}e\right)$$

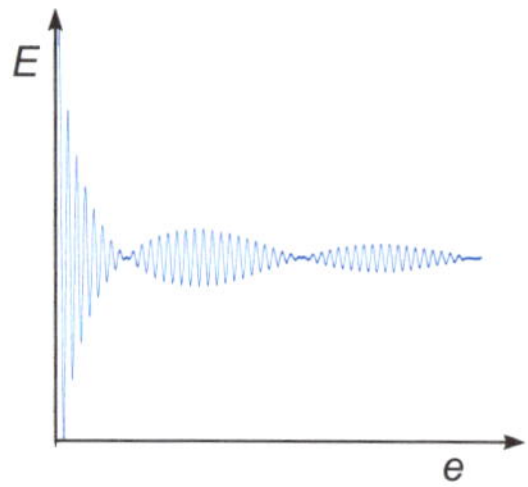

6.5 Autres dispositifs d'interférences

Le Fabry—Pérot

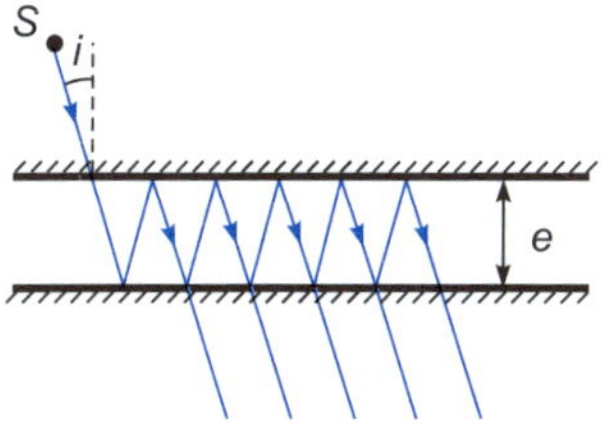

Le Fabry–Pérot permet de réaliser des interférences entre une infinité d'ondes, il est donc d'une très grande précision.

Expression de l'éclairement d'un Fabry–Pérot

$$E(\Phi) = \frac{E_0}{1 + \dfrac{4r^2}{(1-r^2)^2}\sin^2\left(\frac{\Phi}{2}\right)}$$

$$\Phi = \frac{4\pi e}{\lambda_0}\cos i$$

$$F = \frac{4r^2}{(1-r^2)^2} \text{ : finesse}$$

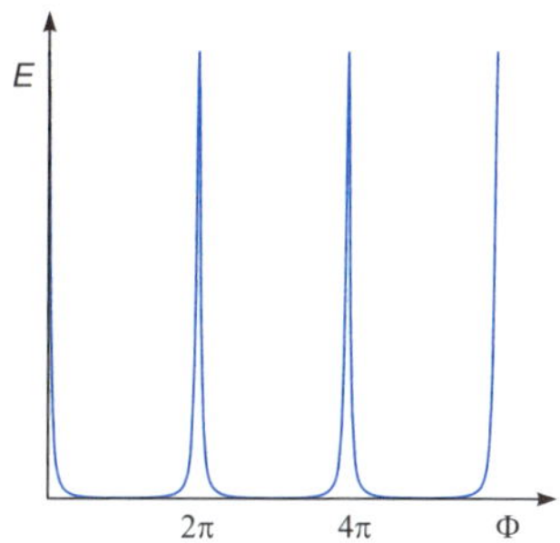

Miroirs de Fresnel

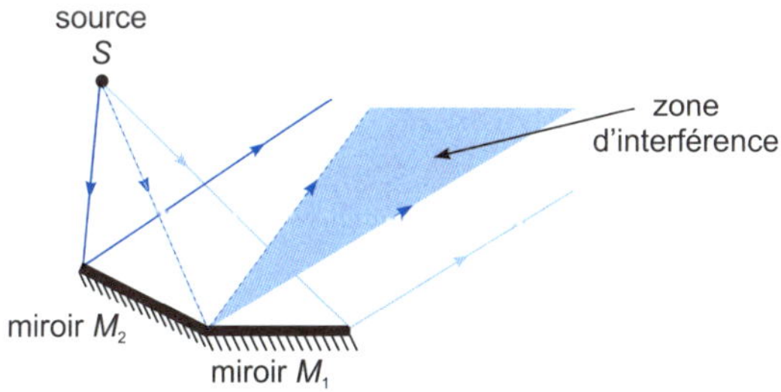

Expression de l'éclairement des miroirs de Fresnel

$$E(x) = \frac{E_0}{2}\left(1 + cos\left(\frac{2\pi\delta}{\lambda}\right)\right)$$

$$\delta = \frac{2d\alpha}{d+D}$$

α : angle entre les miroirs
x : abscisse d'un point de l'écran
d : distance entre la source et l'arrête des miroirs
D : distance entre l'arrête des miroirs et l'écran
λ : longueur d'onde

6.6 Diffraction des ondes lumineuses

Principe d'Huygens–Fresnel

Quand une onde lumineuse traverse une ouverture (Σ) qui la limite, pour décrire l'onde diffractée au delà de (Σ), on suppose que chaque surface élémentaire $(d\Sigma)$ autour du point courant P de (Σ) réemet vers l'avant une ondelette sphérique :
– de même fréquence que l'onde incidente ;
– en phase en P avec l'onde incidente ;
– d'amplitude proportionnelle à celle de l'onde incidente et à $(d\Sigma)$.
C'est la superposition de ces ondelettes qui décrit l'onde diffractée.

Conditions de Fraunhofer

On observe la diffraction à l'infini (c'est-à-dire à une distance très grande devant les dimensions de l'objet diffractant ou, mieux, au foyer objet d'une lentille convergente).

Montage de la diffraction à l'infini

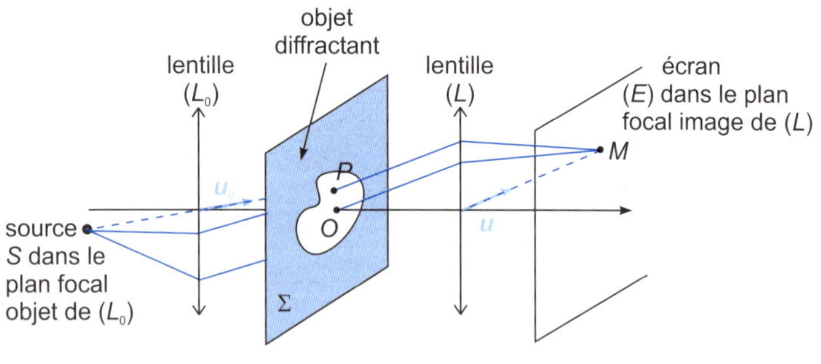

Formulation pratique du principe d'Huygens–Fresnel

$$s(M,t) = kS_0 e^{i\left(\omega t - \frac{2\pi}{\lambda}[SOM]\right)} \iint_{P\in\Sigma} t(P) e^{i\frac{\pi}{\lambda} n \mathbf{OP}(\mathbf{u}-\mathbf{u}_0)} \, d\Sigma$$

k : constante de Fraunhoher
S_0 : amplitude de la vibration lumineuse
$t(P)$: transparence de l'objet diffractant
n : indice du milieu (supposé homogène)
λ : longueur d'onde de la lumière utilisée

Diffraction par une ouverture rectangulaire

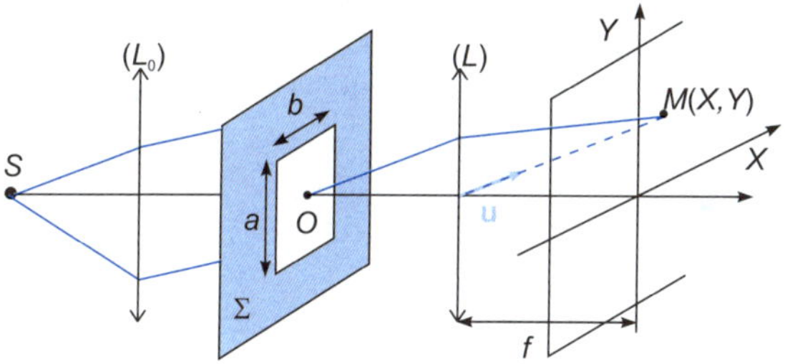

$$E(X,Y) = k^2 S_0^2 a^2 b^2 \operatorname{sin_c}^2\left(\frac{\pi a X}{\lambda f}\right) \operatorname{sin_c}^2\left(\frac{\pi b Y}{\lambda f}\right)$$

k : constante de Fraunhofer
a : longueur de la fente
b : largeur de la fente
f : distance focale de la lentille utilisée pour l'observation
λ : longueur d'onde de la lumière utilisée
On suppose ici que $t(P) = 1$ en tout point de l'ouverture et que cette même ouverture est plongée dans un milieu d'indice uniforme 1.

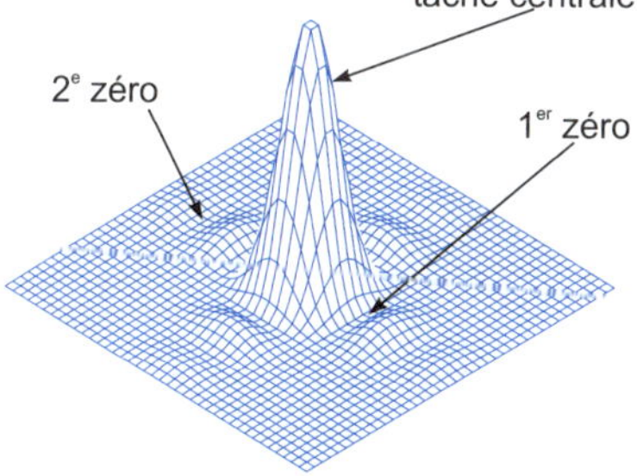

Diffraction par un motif circulaire

La majorité de la lumière est dans un disque de rayon angulaire $\theta = 0,61\frac{\lambda}{r}$ (tache d'Airy), où θ est le rayon angulaire du premier anneau sombre.
Critère de séparation de Rayleigh : deux taches lumineuses sont séparées si leur centres sont distincts de plus du rayon de la tache d'Airy.

Diffraction par un objet opaque

On obtient la même figure à l'écran que pour une ouverture de la même forme, si ce n'est que le centre est très brillant.

7. Électromagnétisme

7.1 Électrostatique

Symétries du champ électrique

Le champ **E** est symétrique par rapport aux plans de symétrie des charges et antisymétrique par rapport aux plans d'antisymétrie des charges.

Champ et potentiel créés par une charge fixe

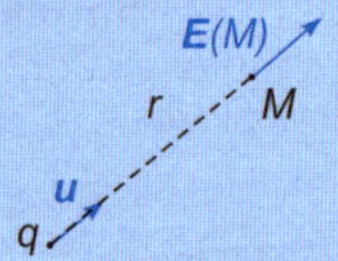

$$V(M) = \frac{q}{4\pi\varepsilon_0 r}$$

$$\mathbf{E}(M) = \frac{q}{4\pi\varepsilon_0 r^2}\mathbf{u}$$

$$\mathbf{E} = -\mathbf{grad}V$$

q : charge ponctuelle fixe
ε_0 : perméabilité du vide
r : distance entre le point M et la charge
$\mathbf{E}(M)$: champ électrique en M
$V(M)$: potentiel électrique en M

Distribution discrète – Distribution continue

Distribution discrète :

$$\mathbf{E}(M) = \sum_i \frac{1}{4\pi\varepsilon_0} \frac{q_i}{r_i^2} \mathbf{u}_i$$

q_i : charge ponctuelle située en r_i
ε_0 : permittivité du vide

Distribution continue :

$$\mathbf{E}(M) = \iiint \frac{1}{4\pi\varepsilon_0} \frac{\rho}{r^2} \mathbf{u} \, \mathrm{d}\tau$$

ρ : densité de charge
ε_0 : permittivité du vide

Équation de Poisson

$$\Delta V + \frac{\rho}{\varepsilon_0} = 0$$

Équation vérifiée par le potentiel électrique en régime permanent.
V : potentiel électrique
ρ : densité de charge
ε_0 : permittivité du vide

Théorème de Gauss

$$\oiint \mathbf{E}(M) \mathbf{n} \, \mathrm{d}S = \frac{Q_{\text{int}}}{\varepsilon_0}$$

$\mathbf{E}(M)$: champ électrique au point M
$\mathbf{n}$: normale en M à la surface
Q_{int} : charges intérieures à la surface fermée
ε_0 : permittivité du vide

Théorème de Gauss pour la gravitation

$$\oiint \mathbf{G}(M) \mathbf{n} \, \mathrm{d}S = -4\pi \mathcal{G} M_{\text{int}}$$

$\mathbf{G}(M)$: champ de gravitation au point M
$\mathbf{n}$: normale en M à la surface
M_{int} : masse intérieure à la surface fermée
$\mathcal{G}$: constante universelle de gravitation

Champ électrique créés par un plan infini

$$\mathbf{E}(M) = \pm \frac{\sigma}{2\varepsilon_0} \mathbf{u}_z$$

$$\begin{cases} + \text{ si } z > 0 \\ - \text{ si } z < 0 \end{cases}$$

$\mathbf{E}(M)$: champ électrique créé en M par le plan
σ : charge surfacique
ε_0 : permittivité du vide
$\mathbf{u}_z$: vecteur normal à la surface

Condensateur plan

$\mathbf{E} = 0$ à l'extérieur

$$\mathbf{E} = \frac{\sigma}{\varepsilon_0}\mathbf{u}_z \text{ à l'intérieur}$$

$\mathbf{E}$: champ électrique
σ : charge surfacique
ε_0 : permittivité du vide
On définit la capacité C du condensateur :

$$C = \frac{\varepsilon_0 S}{e}$$

S : surface des armatures
e : distance entre les armatures

Dipôle électrostatique

$$\mathbf{p} = q\mathbf{NP}$$

$$V(M) = \frac{p\cos\theta}{4\pi\varepsilon_0 r^2} = \frac{\mathbf{p}\cdot\mathbf{OM}}{4\pi\varepsilon_0 OM^3}$$

$$\mathbf{E} = -\mathbf{grad}V$$

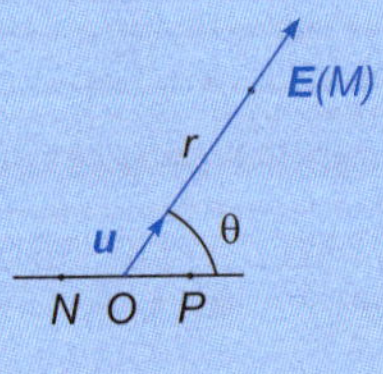

q : charge positive
N : barycentre des charges négatives
P : barycentre des charges positives
$\mathbf{p}$: moment dipolaire
$V(M)$: potentiel électrique du dipôle
$\mathbf{E}$: champ électrique

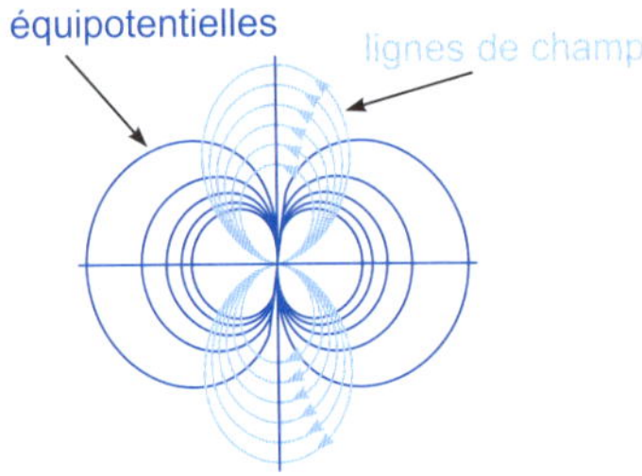

Énergie potentielle – Moment subi dans un champ extérieur

$$E_p = -\mathbf{p}\cdot\mathbf{E}_{ext}(M)$$

$$\mathcal{M} = \mathbf{p} \wedge \mathbf{E}_{ext}(M)$$

E_p : Énergie potentielle
$\mathcal{M}$: moment résultant des forces électriques
$\mathbf{p}$: moment dipolaire
$\mathbf{E}_{ext}$: champ électrique auquel est soumis le dipôle

7.2 Magnétostatique

Symétries du champ magnétique

Le champs **B** est symétrique par rapport aux plans d'antisymétrie des courants et symétrique par rapport aux plans d'antisymétrie des courants.

Loi de Biot et Savart

$$\mathbf{dB}(M) = \frac{\mu_0 \mathbf{dC}(P)}{4\pi r^2} \wedge \mathbf{u}_{PM}$$

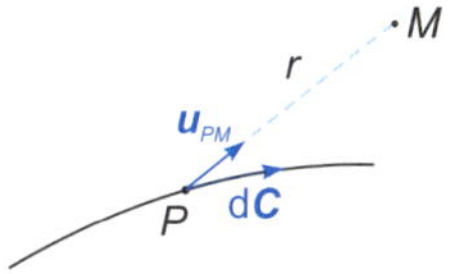

$$\mathbf{dC} = \begin{cases} I\,\mathrm{d}l \text{ pour un circuit filiforme} \\ q\mathbf{v} \text{ pour une charge ponctuelle} \\ \mathbf{j}\,\mathrm{d}\tau \text{ pour un courant volumique} \\ \mathbf{j}_S\,\mathrm{d}S \text{ pour un courant surfacique} \end{cases}$$

dB : champ magnétique créé par l'élément de courant **dC**
dC : élément de courant
μ_0 : perméabilité du vide
r : distance du point courant au point M

q : charge ponctuelle
$\mathbf{j}_S$: vecteur courant surfacique
j : vecteur courant

Théorème d'Ampère

$$\oint \mathbf{B}(M) \cdot \mathbf{dl} = \mu_0 I_{\text{enlacée}}$$

$\mathbf{B}(M)$: champ magnétique
μ_0 : perméabilité du vide
$I_{\text{enlacée}}$: intensité enlacée par la courbe fermée d'Ampère
dl : choisi en accord avec l'orientation de l'intensité

Champ magnétique créé par une spire circulaire

$$\mathbf{B}(M) = \frac{\mu_0 I}{2R} \sin^3 \alpha \mathbf{e}_z$$

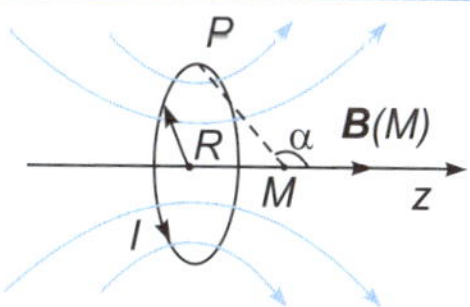

Champ magnétique à l'intérieur un solénoïde infini

$\mathbf{B} = \mu_0 n I \mathbf{e}_z$ $\mathbf{B} = \mu_0 j_S \mathbf{e}_z$	**B** : champ à l'intérieur du solénoïde n : nombre de spires par unité de longueur I : intensité du courant j_S : courant surfacique $\mathbf{e}_z$: vecteur directeur sur l'axe du solénoïde orienté par le sens du courant μ_0 : perméabilité du vide

Moment magnétique d'une spire

$\mathbf{m} = IS\mathbf{n}$	**m** : moment magnétique de la spire S : surface de la spire I : intensité parcourant la spire **n** : normale à la spire dirigée par le sens du courant

Énergie potentielle – Moment magnétique

$E_p = -\mathbf{m} \cdot \mathbf{B}$ $\mathcal{M} = \mathbf{m} \wedge \mathbf{B}$	E_p : énergie potentielle magnétique **m** : moment de force exercé sur la spire **B** : champ magnétique auquel est soumis la spire **m** : moment magnétique de la spire

Force de Laplace

$\mathbf{df} = \mathbf{dC} \wedge \mathbf{B}$	**df** : force élémentaire **dC** : élément de courant **B** : champ magnétique

7.3 Équations de Maxwell dans le vide

Vecteur courant

$$\mathbf{j} = n_\mathrm{p} q \mathbf{v} = \rho \mathbf{v}$$

$$\mathbf{j}_\mathrm{S} = \sigma \, \mathbf{v}$$

$\mathbf{j}$: vecteur courant
$\mathbf{j}_\mathrm{S}$: vecteur de courant surfacique
$\mathbf{v}$: vitesse des porteurs de charge
n_p : densité particulaire de porteurs
q : charge d'un porteur
ρ : densité volumique de charge
σ : densité surfacique de charge

Équation de conservation de la charge

$$\mathrm{div}\, \mathbf{j} + \frac{\partial \rho}{\partial t} = 0$$

$\mathbf{j}$: vecteur courant
ρ : charge volumique

Équations de Maxwell

$$\mathrm{div}\, \mathbf{E} = \frac{\rho}{\varepsilon_0}$$

$$\mathbf{rot}\, \mathbf{E} = -\frac{\partial \mathbf{B}}{\partial t}$$

$$\mathrm{div}\, \mathbf{B} = \mathbf{0}$$

$$\mathbf{rot}\, \mathbf{B} = \mu_0 \mathbf{j} + \mu_0 \varepsilon_0 \frac{\partial \mathbf{E}}{\partial t}$$

Ces équations portent les noms respectifs de :
- Maxwell–Gauss
- Maxwell–Faraday
- sans nom
- Maxwell–Ampère

Le terme $\varepsilon_0 \frac{\partial \mathbf{E}}{\partial t}$ est appelé courant de déplacement.
$\mathbf{E}, \mathbf{B}$: champs électrique et magnétique
$\mathbf{j}$: vecteur densité de courant
ρ : charge volumique
ε_0, μ_0 : permittivité et perméabilité du vide

Superposition

Les équations de Maxwell sont linéaires : toute combinaison linéaire de solutions est encore une solution.

Puissance des forces électromagnétiques

$$\mathrm{d}P = \mathbf{jE}\, \mathrm{d}\tau$$

$\mathrm{d}P$: puissance élémentaire par unité de volume $\mathrm{d}\tau$
$\mathbf{j}$: vecteur courant
$\mathbf{E}$: champ électrique

Densité d'énergie électromagnétique

$$W_{em} = \frac{\varepsilon_0 E^2}{2} + \frac{B^2}{2\mu_0}$$

W_{em} : énergie électromagnétique
E : champ électrique
B : champ magnétique
ε_0 : permittivité du vide
μ_0 : perméabilité du vide

Vecteur de Poynting

$$\mathbf{\Pi} = \frac{\mathbf{E} \wedge \mathbf{B}}{\mu_0}$$

$\mathbf{\Pi}$: vecteur de Poynting
$\mathbf{E}$: champ électrique
$\mathbf{B}$: champ magnétique
μ_0 : perméabilité du vide

Théorème de Poynting : forme locale

$$-\frac{\partial}{\partial t}\left(\frac{\varepsilon_0 E^2}{2} + \frac{B^2}{2\mu_0}\right) = \mathbf{jE} + \mathrm{div}\left(\frac{\mathbf{E} \wedge \mathbf{B}}{\mu_0}\right)$$

La perte d'énergie électromagnétique est due à l'effet Joule et au rayonnement du vecteur de Poynting.

Potentiel vecteur

$$\mathbf{B} = \mathbf{rot}\ \mathbf{A}$$

$$\mathbf{A}(M) = \frac{\mu_0}{4\pi}\int_{\text{circuit}} \frac{i \cdot \mathbf{dl}}{r}$$

$\mathbf{A}$: potentiel vecteur
$\mathbf{B}$: champ magnétique
i : intensité dans le circuit filiforme
r : distance du point M au point courant du circuit
μ_0 : perméabilité du vide

Expression générale du champ électrique

$$\mathbf{E} = -\mathbf{grad} V - \frac{\partial \mathbf{A}}{\partial t}$$

$\mathbf{E}$: champ électrique
V : potentiel électrique
$\mathbf{A}$: potentiel vecteur

Jauge de Lorentz

$$\mathrm{div}\ \mathbf{A} + \mu_0 \varepsilon_0 \frac{\partial V}{\partial t} = 0$$

$\mathbf{A}$: potentiel vecteur
V : potentiel électrique
ε_0 : permittivité du vide
μ_0 : perméabilité du vide
Cette jauge permet de fixer le potentiel V

Relations de passage

$$E_{2t} = E_{1t}$$

$$\mathbf{E}_{2n} - \mathbf{E}_{1n} = \frac{\sigma}{\varepsilon_0}\mathbf{n}_{1\to 2}$$

$$\mathbf{B}_{2t} - \mathbf{B}_{1t} = \mu_0 \mathbf{j}_S \wedge \mathbf{n}_{1\to 2}$$

$$B_{2n} = B_{1n}$$

$\mathbf{E}_{in}$: composante normale du champ $\mathbf{E}_i$
$\mathbf{B}_{it}$: composante tangentielle du champ $\mathbf{B}_i$
σ : charge surfacique
$\mathbf{j}_S$: vecteur densité de courant surfacique
$\mathbf{n}_{1\to 2}$: normale à la surface
ε_0 : permittivité du vide
μ_0 : perméabilité du vide

7.4 Conduction métallique

Loi d'Ohm locale

$$\mathbf{j} = \gamma \mathbf{E}$$

$\mathbf{j}$: vecteur courant
$\mathbf{E}$: champ électrique
γ : conductivité

Loi d'Ohm globale

$$\int_A^B \mathbf{E}\cdot\mathbf{dl} = R_{AB}\cdot I$$

$\mathbf{E}$: champ électrique
I : intensité circulant dans le circuit
$R = \dfrac{\ell}{\gamma S}$: résistance d'un circuit de longueur ℓ et de section S

Propriétés locales des champs dans les métaux

1. $\rho = 0$: les charges sont surfaciques
2. $f \ll 10^{17}\text{Hz} \Longrightarrow \left\|\varepsilon_0 \dfrac{\partial \mathbf{E}}{\partial t}\right\| \ll \|\mathbf{j}_{\text{conduction}}\|$
3. En haute fréquence, les courants sont surfaciques (sur une épaisseur dite épaisseur de peau : $\delta = \sqrt{\dfrac{2}{\mu_0\gamma\omega}}$).

7.5 Induction dans un circuit fixe avec B variable

Force électromotrice	
$$e_{AB} = \int_A^B \left(-\frac{\partial \mathbf{A}}{\partial t} \cdot \mathbf{dl}\right)$$	e_{AB} : forcé électromotrice **A** : potentiel vecteur

Différence de potentiel	
$$V(B) - V(A) = e_{AB} - R_{AB} i$$	e_{AB} : force électromotrice $V(B) - V(A)$: différence de potentiel entre les points A et B R_{AB} : résistance du circuit AB i : intensité du courant circulant dans le circuit

Flux de B à travers le circuit	
$$\Phi = \iint_{\text{circuit}} \mathbf{B} \cdot \mathbf{n} \, \mathrm{d}S$$	Φ : flux de **B** à travers le circuit **B** : champ magnétique **n** : normale **n** au circuit compatible avec le sens du courant

Loi de Faraday	
$$e_{\text{circuit}} = -\frac{\partial \Phi}{\partial t}$$	Φ : le flux de **B** à travers le circuit e_{circuit} : la force électromotrice du circuit

Loi de Lenz

Les conséquences des phénomènes d'induction s'opposent toujours aux causes qui leur ont donné naissance. En terme de flux, cela signifie que si le flux du champ magnétique varie, l'induction va produire un champ magnétique qui tendra à compenser cette variation de flux.

Auto inductance d'un circuit	
$$\Phi = Li$$	Φ : flux de **B** à travers le circuit L : coefficient d'auto inductance du circuit i : intensité dans le circuit

Mutuelle inductance d'un circuit

$$\Phi_{1\to 2} = Mi_1$$

$$\Phi_{2\to 1} = Mi_2$$

$\Phi_{i\to j}$: flux du champ **B**, induit par le circuit i, à travers le circuit j
i_k : courant dans le circuit k
M : coefficient de mutuelle inductance

Flux total

$$\Phi_1 = Li_1 + Mi_2$$

Φ_1 : flux de **B** à travers le circuit 1
L : coefficient d'auto inductance
M : coefficient de mutuelle inductance
i_k : intensité dans le circuit k

Énergie magnétique

$$W_{\text{em}} = \frac{Li_1^2}{2} + Mi_1i_2$$

W_{em} : énergie électromagnétique stockée dans le circuit
L : coefficient d'auto inductance
M : coefficient de mutuelle inductance
i_k : intensité dans le circuit k

Propriétés du transformateur idéal

1. $\dfrac{u_2(t)}{u_1(t)} = \dfrac{N_2}{N_1}$

2. Si le secondaire est en court-circuit alors $\left|\dfrac{i_2}{i_1}\right| = \dfrac{N_1}{N_2}$

3. Le rapport de puissance du primaire au secondaire est de 100%

4. On a $R_{\text{vue du primaire}} = \left(\dfrac{N_1}{N_2}\right)^2 R_{\text{charge}}$

7.6 Induction dans un circuit mobile soumis à B stationnaire

Changement de référentiel

$$\mathbf{B}' = \mathbf{B}$$

$$\mathbf{E}' = \underbrace{\mathbf{E}}_{-\mathbf{grad}V} + \mathbf{v} \wedge \mathbf{B}$$

$$\mathbf{j}_{\text{sol}} = \mathbf{j}_{\text{cond}}$$

$\mathbf{B}'$: champ magnétique dans le référentiel du conducteur
$\mathbf{B}$: champ magnétique dans le référentiel du sol
$\mathbf{E}'$: champ électrique dans le référentiel du conducteur
$\mathbf{E}$: champ électrique dans le référentiel du sol
$\mathbf{v}$: vitesse du conducteur par rapport au sol
$\mathbf{j}_{\text{sol}}$: vecteur densité de courant dans le référentiel lié au sol
$\mathbf{j}_{\text{cond}}$: vecteur densité de courant dans le référentiel du conducteur

Champ électromoteur

$$\mathbf{E}_m = \mathbf{v} \wedge \mathbf{B}$$

$\mathbf{E}_m$: champ électromoteur
$\mathbf{v}$: vitesse du conducteur
$\mathbf{B}$: champ magnétique

Force électromotrice

$$e_{AB} = \int_A^B (\mathbf{v} \wedge \mathbf{B}) \cdot \mathbf{dl}$$

$$V(B) - V(A) = e_{AB} - R_{AB}i$$

e_{AB} : force électromotrice du circuit
R_{AB} : résistance du circuit
i : intensité du circuit
$\mathbf{v}$: vitesse du conducteur
$\mathbf{B}$: champ magnétique
$V(M)$: potentiel au point M

Loi de Faraday

$$e = -\frac{\mathrm{d}\Phi}{\mathrm{d}t}$$

e : force électromotrice
Φ : flux de $\mathbf{B}$ à travers le circuit

7.7 Matériaux magnétiques

Aimantation

$d\mathbf{m} = \mathbf{M}\, d\tau$	$\mathbf{M}$: aimantation $\mathbf{m}$: moment magnétique

Courants d'aimantation

$\mathbf{j}_{\text{aimantation}} = \mathbf{rot}\, \mathbf{M}$ $\mathbf{j}_{S\ \text{aimantation}} = \mathbf{M} \wedge \mathbf{n}$	$\mathbf{j}_{\text{aimantation}}$: vecteur courant d'aimantation $\mathbf{j}_{S\ \text{aimantation}}$: vecteur courant surfacique d'aimantation $\mathbf{M}$: aimantation $\mathbf{n}$: normale à la surface

Excitation magnétique

$\mathbf{H} = \dfrac{\mathbf{B}}{\mu_0} - \mathbf{M}$ $\mathbf{B} = \mu_0 (\mathbf{H} + \mathbf{M})$	$\mathbf{H}$: excitation magnétique $\mathbf{B}$: champ magnétique $\mathbf{M}$: aimantation μ_0 : perméabilité du vide

Équation de Maxwell – Ampère en ARQS

$\mathbf{rot}\, \mathbf{H} = \mathbf{j}_{\text{conduction}}$	$\mathbf{H}$: excitation magnétique $\mathbf{j}_{\text{conduction}}$: vecteur courant de conduction

Aimantation des matériaux linéaires

$\mathbf{M} = \chi_m \mathbf{H}$	$\mathbf{M}$: aimantation $\mathbf{H}$: excitation magnétique χ_m : susceptibilité magnétique

Différentes catégories de matériaux magnétiques

– diamagnétiques : $\chi_m \sim -10^{-5} < 0$
– paramagnétiques : $\chi_m \sim 10^{-4} > 0$
– ceux pour lesquels $\chi_m \ll 1$ qui ne sont pas linéaires

Champ magnétique dans les matériaux linéaires

$$\mathbf{B} = \mu_0 \mu_r \mathbf{H}$$

$$\mu_r = 1 + \chi_m$$

B : champ magnétique
H : excitation magnétique
μ_0 : perméabilité du vide
μ_r : perméabilité relative
χ_m : susceptibilité magnétique

Diamagnétiques

$$\chi_m = -n\mu_0 \frac{Ze^2}{6m_e} < r^2 >$$

χ_m : susceptibilité magnétique
μ_0 : perméabilité du vide
n : densité particulaire
Z : charge du noyau
e : charge élémentaire
m_e : masse de l'électron
$< r^2 >$: distance moyenne de l'électron au noyau

Paramagnétiques

$$\chi_m = \frac{n\mu_0 m^2}{3kT}$$

χ_m : susceptibilité magnétique
n : densité particulaire
μ_0 : permittivité du vide
m : moment magnétique
k : constante de Boltzmann
T : température

Aimantation : cycle d'hystéresis

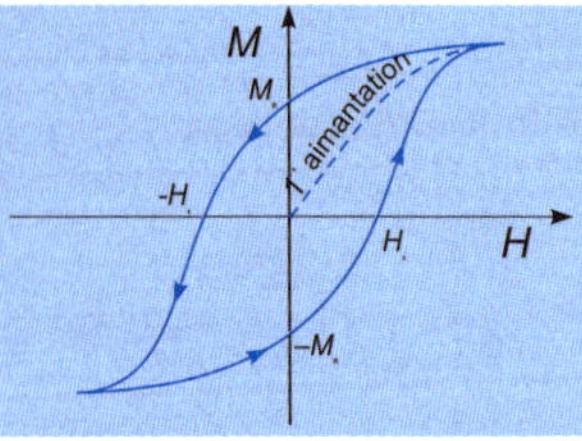

M : aimantation
H : excitation magnétique
M_r : aimantation rémanente
H_c : champ coercitif

Dispositif de mesure de H et de B

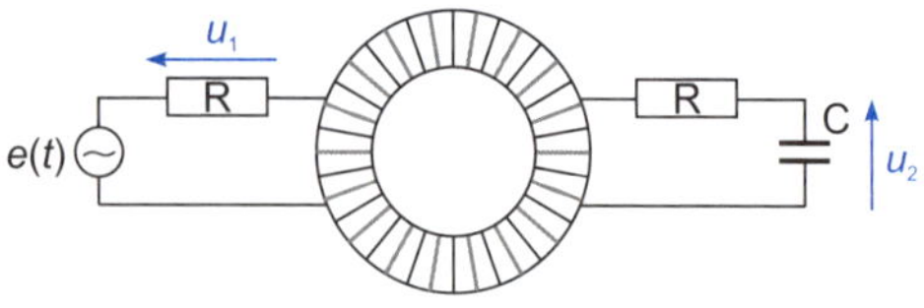

$$H(t) = \frac{N_1}{\ell R} u_1(t)$$

$$B(t) = \frac{RC}{N_2 S} u_2(t)$$

H : valeur de l'excitation magnétique
B : valeur du champ magnétique
N_1 : nombre de spires du primaire
N_2 : nombre de spires du secondaire
ℓ : longueur du tore
S : section du tore

8. Ondes

8.1 Oscillateurs couplés

Couplage par un ressort

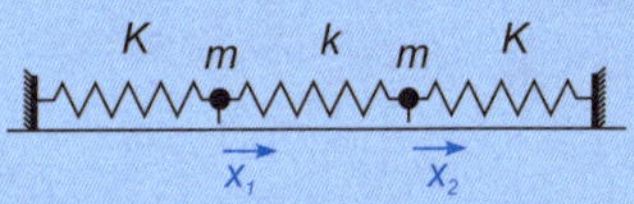

$$m\ddot{x}_1 = -k(x_1 - x_2) - Kx_1 \ (1)$$

$$m\ddot{x}_2 = -k(x_2 - x_1) - Kx_2 \ (2)$$

Résolution

Dans ces cas simples, on combine linéairement les équations (1) et (2).

$$s = (1) + (2) \qquad \ddot{s} + \omega_s^2 s = 0$$

$$d = (1) - (2) \qquad \ddot{d} + \omega_d^2 d = 0$$

Modes propres

$$\omega_s = \sqrt{\frac{K}{m}} \qquad \omega_d = \sqrt{\frac{2k+K}{m}}$$

Le système d'oscillateurs couplés vibre uniquement à ω_s si $d = 0$, c'est-à-dire si les oscillateurs sont lancés en phase.
Le système d'oscillateurs couplés vibre uniquement à ω_d si $s = 0$, c'est-à-dire si les oscillateurs sont lancés en opposition de phase.

Battements

Si le couplage est fort et que l'on écarte un seul oscillateur de l'équilibre, on observe un phénomène de battements :

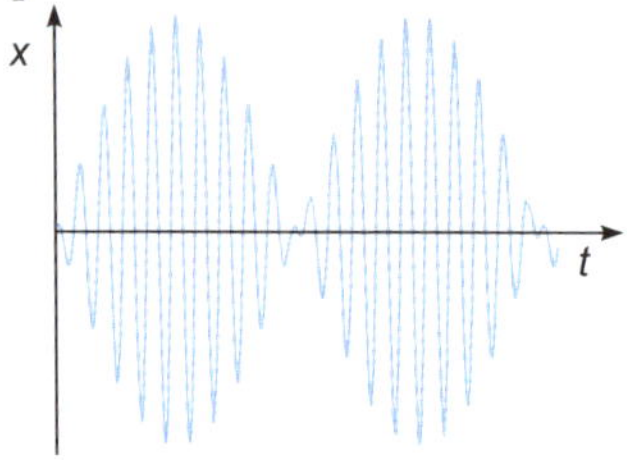

Résonance

Si on force l'oscillateur à osciller, on observera aux pulsations ω_s et ω_d des résonances :

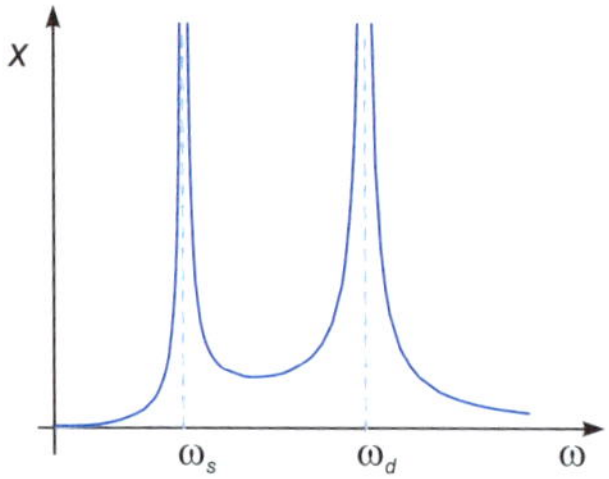

8.2 Équation de d'Alembert - Ondes stationnaires

Équation de d'Alembert

$$\Delta F = \frac{1}{c^2}\frac{\partial^2 F}{\partial t^2}$$

$F(\mathbf{r}, t)$: une grandeur physique qui vérifie l'équation de d'Alembert
c : vitesse de propagation de l'onde
Δ : laplacien

Solutions de l'équation de d'Alembert à une dimension

$$F(x,t) = f\left(t - \frac{x}{c}\right) + g\left(t + \frac{x}{c}\right)$$

f : partie onde progressive de la solution
g : partie onde régressive de la solution

Onde stationnaire

$$F(\mathbf{r},t) = f(r)g(t)$$

Dans le cas d'une onde stationnaire, il y a découplage entre le temps et le repérage spatial.

Onde plane progressive harmonique (OPPH)

$$F = F_0 \cos(\omega t - \mathbf{k} \cdot \mathbf{OM})$$

$$\underline{F} = \underline{F}_0 e^{i(\omega t - \mathbf{k} \cdot \mathbf{OM})}$$

$$\mathbf{k} = \frac{\omega}{c}\mathbf{u}$$

Ces notations sont intrinsèques à l'OPPH.
F : la grandeur physique qui décrit l'onde
k : vecteur d'onde donnant la direction de propagation
OM : vecteur position
u : vecteur unitaire selon la direction de propagation
ω : pulsation de l'onde
c : vitesse de propagation de l'onde

Onde plane progressive harmonique : notation complexe

$$\frac{\partial \cdot}{\partial t} = i\omega \cdot$$

$$\nabla \cdot = -ik \cdot$$

Lorsqu'on utilise la notation complexe, les opérateurs usuels prennent des formes très simples.

Onde sur une file d'atomes – Onde sur une corde

$$\frac{\partial^2 \xi_n}{\partial x^2} = \frac{1}{c^2}\frac{\partial^2 \xi_n}{\partial t^2}$$

$$c = \sqrt{\frac{ka^2}{m}}$$

ξ_n : le déplacement du n^e atome
k : constante de raideur des ressorts
a : distance au repos entre deux atomes
m : masse d'un atome

$$\frac{\partial^2 y}{\partial x^2} = \frac{1}{c^2}\frac{\partial^2 y}{\partial t^2}$$

$$c = \sqrt{\frac{T_0}{\rho_l}}$$

y : ordonnée du point
T_0 : tension au repos de la corde
ρ_l : masse linéique de la corde

8.3 Onde acoustique dans un fluide

Équation d'onde de la pression acoustique

$$\Delta p_a = \frac{1}{c^2}\frac{\partial^2 p_a}{\partial t^2}$$

$$c = \sqrt{\frac{1}{\rho_0 \chi_s}}$$

c : vitesse de propagation de l'onde
p_a : pression acoustique
ρ_0 : masse volumique de fluide
χ_s : coefficient de compressibilité isentropique

Équation d'onde de la vitesse

$$\Delta v = \frac{1}{c^2}\frac{\partial^2 v}{\partial t^2}$$

$$c = \sqrt{\frac{1}{\rho_0 \chi_s}}$$

c : vitesse de propagation de l'onde
v : vitesse
ρ_0 : masse volumique de fluide
χ_s : coefficient de compressibilité isentropique

Vitesse de l'onde dans un gaz parfait

$$c = \sqrt{\frac{\gamma \mathrm{R} T}{M}}$$

c : vitesse de l'onde dans un gaz parfait
γ : rapport isentropique
T : température
M : masse molaire du gaz
R : constante des gaz parfaits

Impédance acoustique

$$p_a = Zv$$

$$Z_a = \rho c = \sqrt{\frac{\rho}{\chi_s}}$$

p_a : pression acoustique
v : vitesse du fluide
Z_a : impédance acoustique d'une onde plane progressive harmonique
ρ : masse volumique du fluide
χ_s : coefficient de compressibilité isentropique
c : vitesse de propagation de l'onde
Pour une onde régressive, on a $p_a = -\rho c v$.

Vecteur de Poynting acoustique – Puissance acoustique

$$<\mathcal{P}_a> = S <\Pi_a>$$

$$\Pi_a(x,t) = Z_a v_0^2 \cos^2(\omega t - kx)$$

$\mathcal{P}_a$: puissance acoustique
S : section du fluide où l'onde se propage
Π_a : vecteur de Poynting acoustique
Z_a : impédance acoustique
v_0 : amplitude de l'onde de vitesse
ω : pulsation de l'onde
k : vecteur d'onde
x : repérage de la position

Intensité sonore – Décibels

$$I = 10 \ln\left(\frac{<\Pi_a>}{<\Pi_0>}\right)$$

I : intensité acoustique
Π_a : vecteur de Poynting acoustique
Π_0 : vecteur de Poynting acoutique de référence (10^{-12} W · m^{-2})

Coefficients de transmission et de réflexion en amplitude

$$r = \frac{Z' - Z''}{Z' + Z''}$$

$$t = \frac{2Z'}{Z' + Z''}$$

r : coefficient de réflexion en amplitude
t : coefficient de transmission en amplitude
Z' : impédance du milieu de l'onde incidente
Z'' : impédance du milieu de l'onde transmise

Un changement de milieu donne naissance à :
– une onde progressive (onde transmise)
– une onde régressive (onde réfléchie)

Coefficients relatifs à la puissance

$$R = \left(\frac{Z' - Z''}{Z' + Z''}\right)^2$$

$$T = \left(\frac{2Z'}{Z' + Z''}\right)^2$$

$$R + T = 1$$

R : coefficient de réflexion en puissance
T : coefficient de transmission en puissance
Z' : impédance du milieu de l'onde incidente
Z'' : impédance du milieu de l'onde transmise
$R + T = 1$ traduit la conservation de l'énergie

8.4 Ondes électromagnétiques dans le vide

Équations de propagation des champs

$\Delta \mathbf{E} = \dfrac{1}{c^2}\dfrac{\partial^2 \mathbf{E}}{\partial t^2}$ $\Delta \mathbf{B} = \dfrac{1}{c^2}\dfrac{\partial^2 \mathbf{B}}{\partial t^2}$ $c = \dfrac{1}{\sqrt{\varepsilon_0 \mu_0}}$	**E** : champ électrique **B** : champ magnétique μ_0 : perméabilité du vide ε_0 : permittivité du vide

Vecteur d'onde d'une OPPH

$\mathbf{k} = k\mathbf{u}$ $k = \dfrac{\omega}{c} = \dfrac{2\pi}{\lambda}$	**k** : vecteur d'onde **u** : vecteur unitaire directeur ω : pulsation de l'onde λ : longueur d'onde de l'onde c : vitesse de propagation de l'onde

Champs transverses

$\text{div}\,\mathbf{E} = 0 = -i\mathbf{k}\mathbf{E}$ $\text{div}\,\mathbf{B} = 0 = -i\mathbf{k}\mathbf{B}$	**k** : vecteur d'onde **E** : champ électrique **B** : champ magnétique **E** et **B** sont orthogonaux à la direction de propagation.

Relation de dispersion – Relation de structure

$k = \dfrac{\omega}{c}$	$\mathbf{B} = \dfrac{\mathbf{k}}{\omega} \wedge \mathbf{E}$

Représentation du champ électromagnétique dans le vide

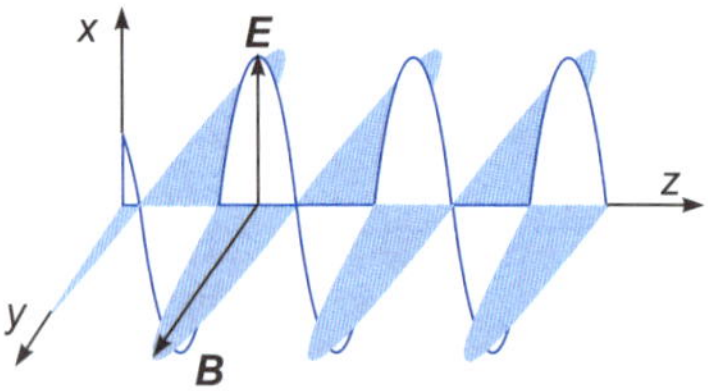

Polarisation

– elliptique :

$$\mathbf{E}(z=0,t) = \begin{pmatrix} E_{0x}\cos\omega t \\ E_{0y}\cos(\omega t + \varphi) \end{pmatrix}$$

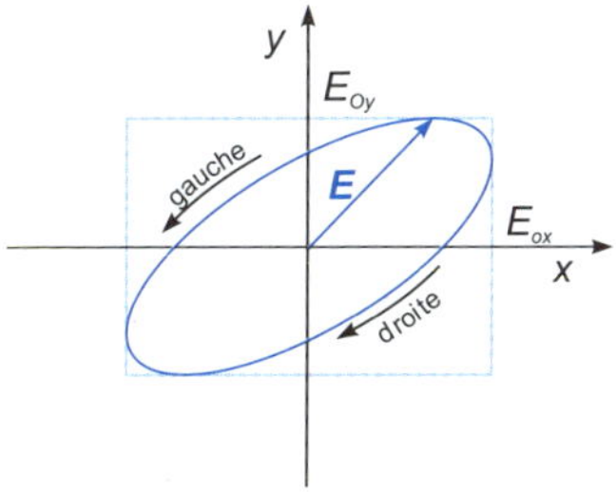

– circulaire :

$$\mathbf{E}(z=0,t) = \begin{pmatrix} E_0\cos\omega t \\ E_0\sin\omega t \end{pmatrix}$$

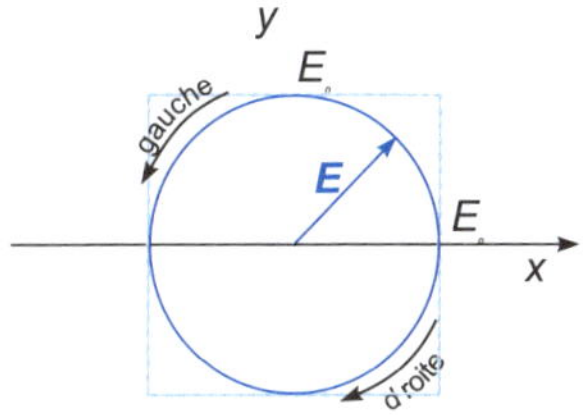

– rectiligne :

$$\mathbf{E}(z=0,t) = \begin{pmatrix} E_{0x}\cos\omega t \\ E_{0y}\cos\omega t \end{pmatrix}$$

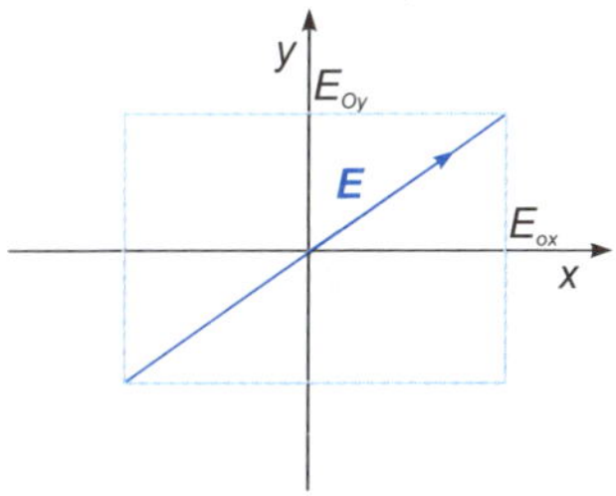

Lames à retard

Une lame 1/4 d'onde déphase de $\pi/2$.
– une onde polarisée rectilignement ressort de ce type de lame polarisée elliptiquement.
– une onde polarisée elliptiquement ressort de ce type de lame polarisée rectilignement.

Une lame 1/2 d'onde déphase de π.
– une onde polarisée elliptiquement droite ressort elliptique gauche de ce type de lame.
– une onde polarisée rectilignement ressort symétrique par rapport à son axe lent de ce type de lame.

Vecteur de Poynting

$$\mathbf{\Pi} = \mathbf{E} \wedge \frac{\mathbf{B}}{\mu_0} = \frac{E^2}{\mu_0 c}\mathbf{u} = \frac{\varepsilon B^2}{c}\mathbf{u}$$

$$\underline{\mathbf{\Pi}} = \underline{\mathbf{E}} \wedge \frac{\mathbf{B}^*}{\mu_0}$$

$\mathbf{\Pi}$: vecteur de Poynting
$\mathbf{E}$: champ électrique
$\mathbf{B}$: champ magnétique
μ_0 : perméabilité du vide

Rayonnement dipolaire

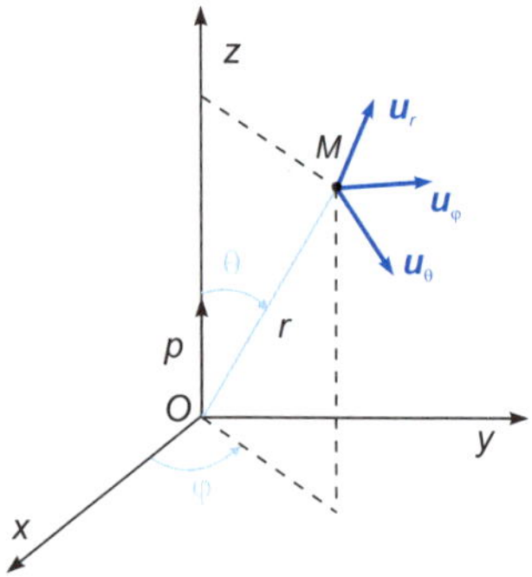

$$\mathbf{B} = \frac{\mu_0 \sin\theta}{4\pi r c}\ddot{p}\left(t - \frac{r}{c}\right)\mathbf{u}_\varphi$$

$$\mathbf{E} = \frac{\mu_0 \sin\theta}{4\pi r}\ddot{p}\left(t - \frac{r}{c}\right)\mathbf{u}_\theta$$

$\mathbf{B}$: champ magnétique
$\mathbf{E}$: champ électrique
p : moment dipolaire
μ_0 : perméabilité du vide
c : vitesse de la lumière dans le vide

Puissance rayonnée en régime sinusoïdal

$$<\mathcal{P}> = \frac{\mu_0 p_0^2 \omega^4}{12\pi c}$$

$$p = p_0 \cos(\omega_0 t + \varphi)$$

$<\mathcal{P}>$: puissance moyenne rayonnée
p : moment dipolaire
c : vitesse de la lumière dans le vide
μ_0 : perméabilité du vide

8.5 Dispersion – Absorption

Relation de dispersion

$$k(\omega) = k'(\omega) + \mathrm{i}k''(\omega)$$

$k(\omega)$: vecteur d'onde
$k'(\omega)$: partie réelle du vecteur d'onde
$k''(\omega)$: partie imaginaire du vecteur d'onde
ω : pulsation de l'onde

Vitesse de phase – Vitesse de groupe

$$v_\varphi = \frac{\omega}{k'}$$

$$v_g = \frac{\partial \omega}{\partial k'}$$

v_φ : vitesse de phase
v_g : vitesse de groupe
ω : pulsation de l'onde
k' : partie réelle du vecteur d'onde
v_φ est la **vitesse de propagation de l'amplitude** et v_g est en général la **vitesse de propagation de l'énergie**.

Absorption

$$\delta = \frac{1}{|k''|}$$

δ : profondeur caractéristique de l'absorption
k'' : partie imaginaire du vecteur d'onde

Représentation du champ électromagnétique dans les métaux

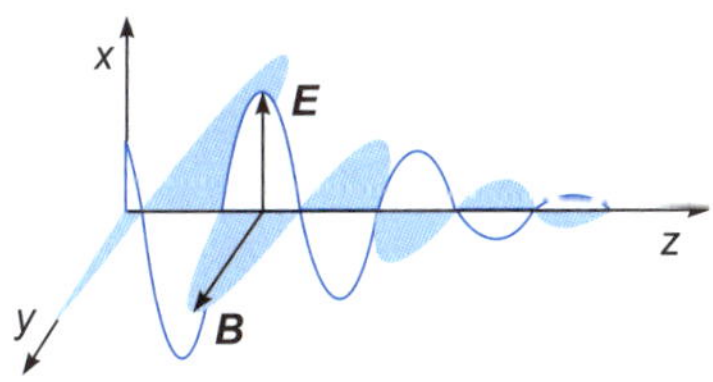

8.6 Ondes électromagnétiques dans les milieux matériels

Polarisation

$$\mathbf{P} = \frac{d\mathbf{p}}{d\tau}$$

$$\rho_p = -\mathrm{div}\,\mathbf{P}$$

$$\mathbf{j}_p = \frac{\partial \mathbf{P}}{\partial t}$$

$\mathbf{p}$: moment dipolaire
$\mathbf{P}$: polarisation
ρ_p : charges dues à la polarisation
$\mathbf{j}_p$: vecteur courant de polarisation

Aimantation

$$\mathbf{M} = \frac{d\mathbf{m}}{d\tau}$$

$$\mathbf{j}_a = \mathbf{rot}\,\mathbf{M}$$

$\mathbf{m}$: moment magnétique
$\mathbf{M}$: aimantation
$\mathbf{j}_a$: vecteur courant d'aimantation

Vecteurs H et D

$$\mathbf{H} = \frac{\mathbf{B}}{\mu_0} - \mathbf{M}$$

$$\mathbf{D} = \varepsilon_0 \mathbf{E} + \mathbf{P}$$

$\mathbf{H}$: vecteur excitation magnétique
$\mathbf{B}$: champ magnétique
$\mathbf{D}$: vecteur D
$\mathbf{E}$: champ électrique
$\mathbf{M}$: aimantation
$\mathbf{P}$: polarisation
μ_0 : perméabilité du vide
ε_0 : permittivité du vide

Milieux linéaires

$\mathbf{P} = \chi_e \mathbf{E}$ $\mathbf{D} = \varepsilon_r \varepsilon_0 \mathbf{E}$ $\varepsilon_r = 1 + \chi_e$ $\mathbf{M} = \chi_m \mathbf{H}$ $\mathbf{B} = \mu_r \mu_0 \mathbf{H}$ $\mu_r = 1 + \chi_m$	**H** : vecteur excitation magnétique **B** : champ magnétique **D** : vecteur D **M** : aimantation **P** : polarisation **E** : champ électrique μ_0 : perméabilité du vide μ_r : perméabilité relative ε_0 : permittivité du vide ε_r : permittivité relative χ_e : susceptibilité électrique du milieu χ_m : susceptibilité magnétique du milieu

Équations de Maxwell dans les milieux

$\operatorname{div} \mathbf{D} = \rho_{\text{libre}}$ $\mathbf{rot}\, \mathbf{E} = -\dfrac{\partial \mathbf{B}}{\partial t}$ $\operatorname{div} \mathbf{B} = 0$ $\mathbf{rot}\, \mathbf{H} = \mathbf{j} + \dfrac{\partial \mathbf{D}}{\partial t}$	**D** : vecteur D **E** : champ électrique **B** : champ magnétique **j** : vecteur courant vrai ρ_{libre} : densité de charges libres

Relation de dispersion – Indice

$k^2 = \varepsilon_r \dfrac{\omega^2}{c^2}$ $n = \sqrt{\varepsilon_r}$ $v_\varphi = \dfrac{c}{n}$	k : vecteur d'onde ε_r : permittivité relative ω : pulsation de l'onde c : vitesse de la lumière dans le vide n : indice du milieu (En utilisant ici, comme dans les cas courants, l'approximation : $\mu_r \sim 1$)

Réflexion – Transmission

$$r = \frac{n_1 - n_2}{n_1 + n_2}$$

$$t = \frac{2n_1}{n_1 + n_2}$$

$$R = r^2 = \left(\frac{n_1 - n_2}{n_1 + n_2}\right)^2$$

$$T = t^2 = \left(\frac{2n_1}{n_1 + n_2}\right)^2$$

$$R + T = 1$$

r : coefficient de réflexion en amplitude
t : coefficient de transmission en amplitude
R : coefficient de réflexion énergétique
T : coefficient de transmission énergétique
n_1 : indice du milieu de l'onde incidente
n_2 : indice du milieu de l'onde transmise
$R + T = 1$ traduit la conservation énergétique

Un changement de milieu donne naissance à :
- une onde progressive (onde transmise)
- une onde régressive (onde réfléchie)

Relation de continuité sur la séparation de deux diélectriques

$$\mathbf{B_2} = \mathbf{B_1}$$

$$\mathbf{E}_{2\,\mathrm{t}} = \mathbf{E}_{1\,\mathrm{t}}$$

$$\varepsilon_{r\,2}\mathbf{E}_{2\,\mathrm{n}} = \varepsilon_{r\,1}\mathbf{E}_{1\,\mathrm{n}}$$

(loi de Snell–Descartes)

On indice par 1 les grandeurs du milieu de l'onde incidente et par 2 les grandeurs du milieu de l'onde transmise.
Le champ magnétique, comme la composante tangentielle du champ électrique, est continue à la surface d'un diélectrique.
Le comportement de la composante normale du champ électrique est décrite par la loi de Snell–Descartes.

9. Conversion de puissance

9.1 Conversion électromécanique

Description

Une machine à courant continu est un convertisseur électromécanique à fonctionnement réversible constituée par :

– **un stator :** partie fixe qui crée le champ magnétique grâce à des bobines ou grâce à des aimants permanents (une machine bipolaire possède un pôle nord et un pôle sud alors qu'une machine multipolaire possède plusieurs pôles nord et plusieurs pôles sud).

– **un rotor :** partie mobile supportant les conducteurs actifs de l'enroulement (induit) soumis au champ magnétique créé par le stator. Le collecteur est situé à l'une des extrémités du rotor.

– **un collecteur :** ensemble de lames cuivrées isolées les unes des autres reliées aux conducteurs du rotor. La liaison électrique avec la partie fixe est assurée par deux balais fixés sur le stator qui frottent sur ces lames.

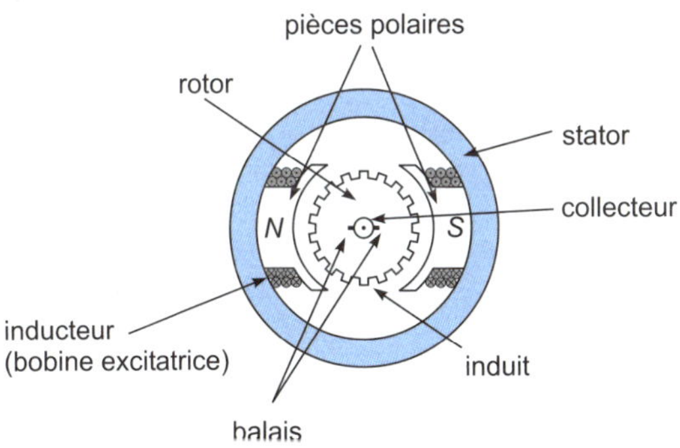

Force électromotrice induite

$$e = -2\omega RnB(\alpha)$$

$$<e> = -\frac{2}{\pi}\omega nR\int_{-\pi/2}^{\pi/2}\mathbf{B}(\alpha)\,\mathrm{d}\alpha$$

e : fém de la machine à courant continu
ω : vitesse angulaire de rotation du rotor
n : nombre de spires
α : angle entre le champ magnétique et l'axe
B_0 : champ magnétique uniforme produit par le stator
R : rayon des spires

Couple mécanique

$$\mathbf{C}(\theta) = 2RinB(\theta)\mathbf{e}_z = -e\frac{i}{\omega}\mathbf{e}_z$$

$\mathbf{C}(\theta)$: couple exercé sur l'axe de sortie
R : rayon des spires
i : intensité circulant dans l'induit
n : nombre de spires de l'induit
$B(\theta)$: champ magnétique

Couple et force électromotrice de l'ensemble

$$E = \Phi_0\omega$$

$$C = \Phi_0 i$$

E : force électromatrice de la MCC
C : couple exercé par la MCC
ω : vitesse angulaire
i : intensité circulant dans l'induit
Φ_0 : constante de proportionalité

Conversion d'énergie

En négligeant la résistance R :

$$P_{\text{élec}} = Ei = P_{\text{méca}} = \omega i = \Phi_0\omega i$$

En pratique les pertes sont dues :
- aux courants de Foucault
- commutation sur les balais
- pertes mécaniques

Le rendement d'une MCC est de l'ordre de 80 à 95 %.

9.2 Conversion électronique

Hacheurs – Principe

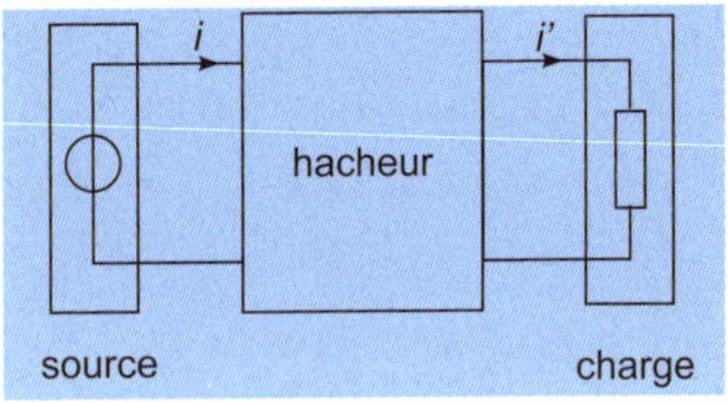

Un hacheur est un convertisseur statique qui permet de transformer une tension continue constante en une tension continue réglable au moyen d'interrupteurs électroniques unidirectionnels

Chapitre 3

Chimie

1. Atomistique

1.1 Spectroscopie

Spectroscopie	
Lors d'une transition électronique, une particule émet un rayonnement décrit par : $$\Delta E = h\nu$$ Relation de De Broglie : $$\lambda = \frac{h}{mv}$$	h : constante de Planck ν : fréquence du rayonnement émis par la particule λ : longueur d'onde du rayonnement émis par la particule m : masse de la particule v : vitesse de la particule

La relation de Ritz établit que :

$$\nu = R_H \cdot c \left(\frac{1}{n^2} - \frac{1}{m^2} \right) \quad (n, m) \in \mathbb{N}^2$$

ν : fréquence de rayonnement
R_H : constante de Rydberg
n : nombre quantique principal du niveau énergétique final de la particule
m : nombre quantique principal du niveau énergétique initial de la particule
c : vitesse de propagation de la lumière dans le vide
– $n = 1$ correspond à la série de Lyman (ultraviolet) – $n = 2$ correspond à la série de Balmer (visible) – $n = 3$ correspond à la série de Paschen (infrarouge)

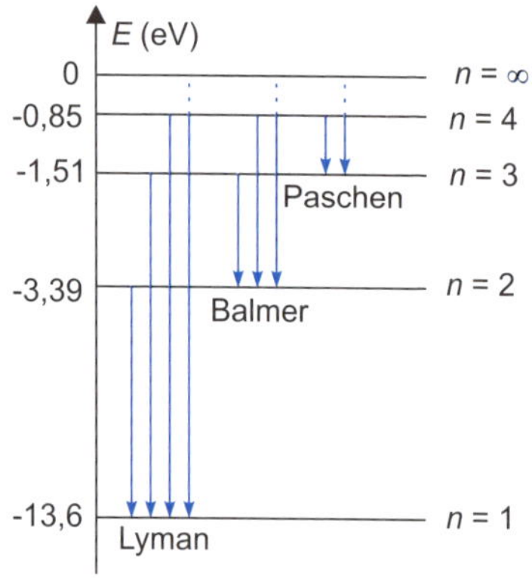

1.2 Modèle ondulatoire

Principe d'incertitude de Heisenberg

$$\Delta x \cdot \Delta p_x \geqslant \frac{h}{2\pi}$$

Δx : incertitude sur la position
Δp_x : incertitude sur la quantité de mouvement selon l'axe des x
m : masse de l'atome

En mécanique quantique, on ne peut pas connaître précisément à la fois la position et la vitesse.

Équation de Schrödinger en régime stationnaire

$$H\,\Psi = E\,\Psi$$

$$\iiint_{\text{espace}} \Psi^2 \, \mathrm{d}\tau = 1$$

$\Psi(\mathbf{r})$: fonction d'onde
$\mathbf{r}$: vecteur position
E : énergie totale de l'électron
H : opérateur hamiltonien appliqué à Ψ
$|\Psi^2|\,\mathrm{d}\tau$ représente la probabilité de présence de l'électron dans un volume $\mathrm{d}\tau$ autour d'un point $M(\mathbf{r})$.

Énergie de l'atome d'hydrogène	
$E_n = \dfrac{-13,6}{n^2}$	L'énergie de l'atome d'hydrogène est quantifiée (n nombre quantique principal).
$E_n = -13,6\dfrac{Z^2}{n^2}$	Décrit l'énergie de l'atome hydrogénoïde (qui ne comporte qu'un seul électron).

Nombres quantiques	
Principal : $n \in \mathbb{N}^*$	Décrit le niveau énergétique de l'atome : $$E_n = -13,6\frac{Z^2}{n^2}$$
Secondaire : $0 \leqslant l \leqslant n-1$ $l \in \mathbb{N}$	Quantifie le module du moment cinétique **L** de l'atome : $$\lvert\boldsymbol{\sigma}\rvert = \sqrt{l(l+1)}\hbar$$ ($\hbar = h/2\pi$, $h$constante de Planck)
Magnétique : $-l \leqslant m \leqslant l$ $m \in \mathbb{Z}$	Quantifie la projection du moment cinétique : $L_{Oz} = m\hbar$
Spin	$$m_s = \pm\frac{1}{2}$$

1.3 Atome polyélectronique

Charge nucléaire effective	
$Z_i^* = Z - \sigma_i$	Z_i^* : charge nucléaire effective Z : numéro atomique σ : constante d'écran de Slater

Position de l'électron	σ_i s et p	σ_i d
même couche	0	0,35
couche $> n$	0	0
couche $n-1$	0,85	1
couches $< n-1$	1	1

Énergie

$$E_i = -13,6\frac{Z_i^{*2}}{n^2}$$

Z_i^* :charge nucléaire effective
E_i : énergie de l'électron
n : nombre quantique principal

$$E = \sum_i E_i$$

Énergie totale de la molécule

Diagramme énergétique

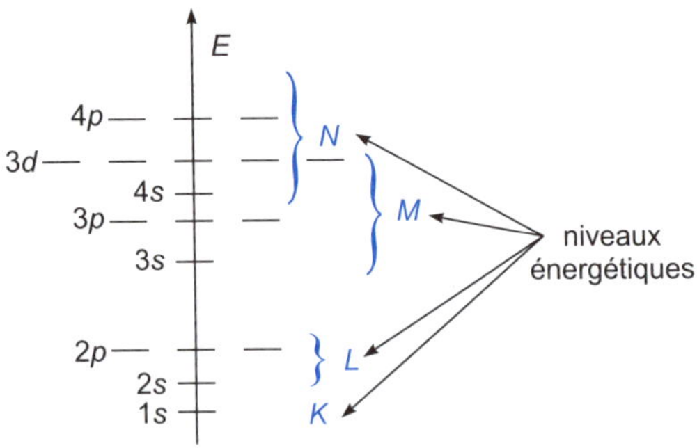

Règles de remplissage des niveaux électroniques

Principe de stabilité : on remplit les orbitales atomiques par ordre d'énergie croissante (règle de Klechkowsky).
Principe de Pauli : sur une même orbitale atomique, les deux électrons sont de spin opposés.
Principe de Hund : lorsque plusieurs orbitales atomiques sont de même niveau énergétique, les électrons occupent le maximum d'orbitales atomiques.

Règle de Klechkowsky :

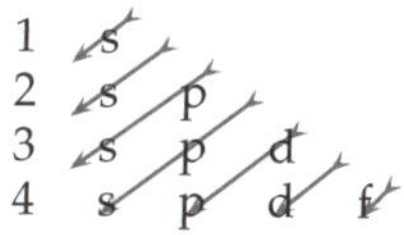

Énergie d'ionisation

C'est l'énergie de la réaction d'arrachement d'un électron d'une molécule sous forme gazeuse.

$$X(g) = X^+(g) + e^-$$

Affinité électronique

C'est l'énergie **libérée** par la réaction de capture d'un électron par une molécule sous forme gazeuse.

$$X(g) + e^- = X^-(g)$$

1.4 Architecture moléculaire

Règle de l'octet

Les éléments de la deuxième période du tableau périodique peuvent s'entourer au maximum de huit électrons.

Charge formelle

$$n = n_i - n_e$$

n : charge formelle de l'atome
n_i : nombre d'électrons de valence dans l'atome isolé
n_e : nombre d'électrons de valence dans l'atome lié

Mésomérie

C'est l'ensemble des formules mésomères qui modélise la réalité.

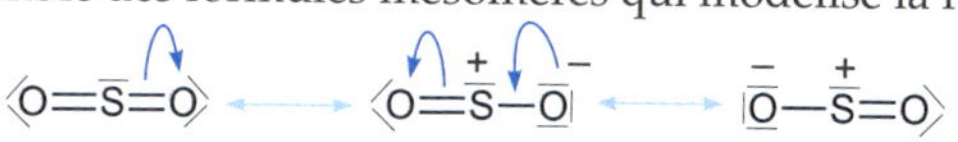

Niveau de représentativité des formules mésomères

Les formules mésomères qui vérifient la règle de l'octet, qui sont neutres ou dont la charge négative est portée par l'atome le plus électronégatif sont plus représentatives que les autres.

VSEPR

On compte les doublets d'un atome A : AX_pE_q où :
p : nombre d'atomes directement liés à A (X)
q : nombre de doublets portés par A (E)
Ces $n = p + q$ doublets tendent à s'éloigner au maximum les uns des autres. (Théorie de Gillepsie)

$n = 2$: molécule linéaire

$n = 3$: molécule trigonale

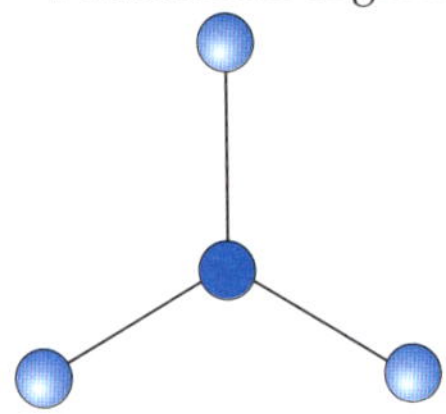

$n = 4$: molécule tétraédrique

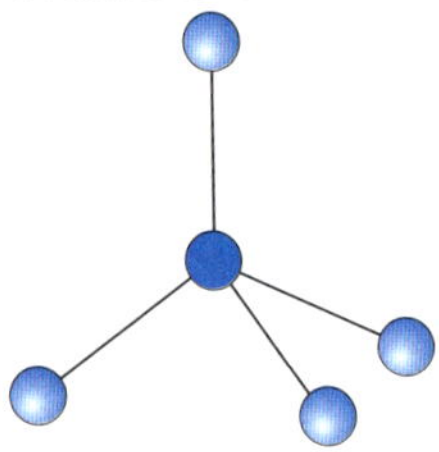

$n = 5$: molécule bipyramidale à base triangulaire

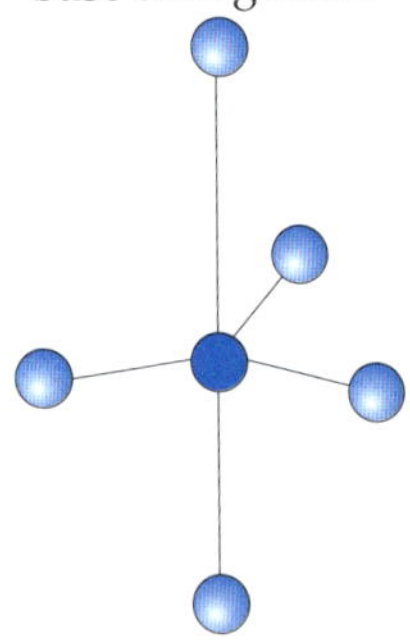

$n = 6$: molécule octaédrique

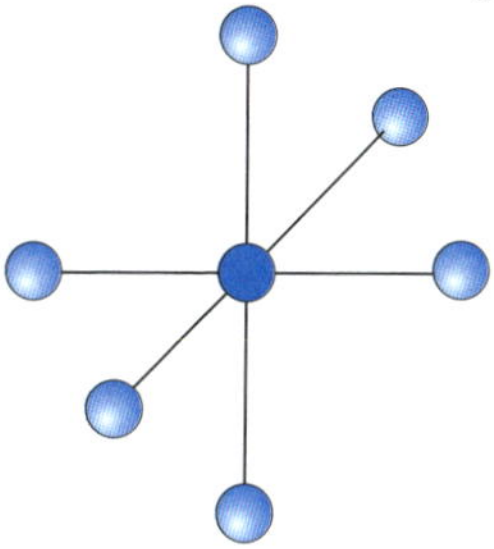

1.5 Orbitales moléculaires

Combinaison linéaire des orbitales atomiques

La combinaison linéaire de deux orbitales atomiques de même énergie donne naissance à deux orbitales moléculaires : l'une liante et l'autre antiliante

Indice de liaison

$$i = \frac{n - n^*}{2}$$

n : nombre d'électrons de l'orbitale moléculaire liante
n^* : nombre d'électrons de l'orbitale moléculaire antiliante

Diagramme des orbitales moléculaires

Diagramme moléculaire des molécules A_2 de la deuxième ligne du tableau périodique à partir de O_2 inclus. Pour les autres molécules, π_x et π_y sont plus stables que σ_p

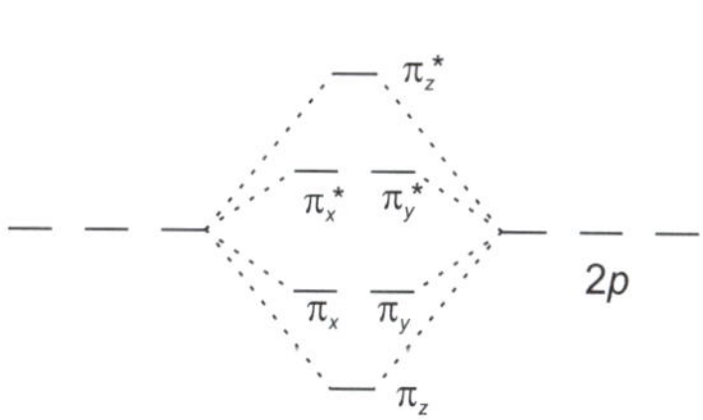

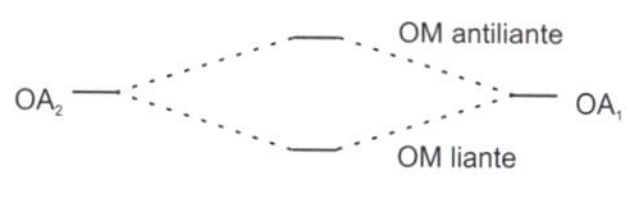

1.6 Complexes des métaux de transition

Énergie

Les cinq orbitales atomiques *d* ont même énergie.

Champ cristallin

À l'approche des ligands, il y a levée de la dégénérescence : il existe deux niveaux énergétiques pour les orbitales atomiques.

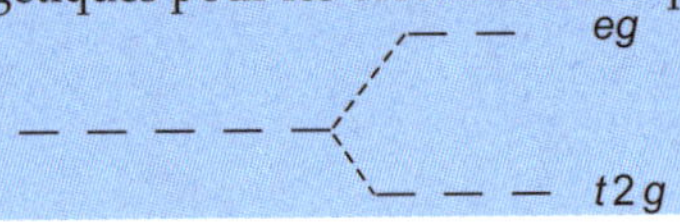

2. Cinétique

2.1 Vitesse de réaction

Avancement de la réaction

$$d\xi = \frac{dn_i}{\nu_i}$$

ξ : avancement de la réaction
ν_i : nombre stœchiométrique algébrique ($\nu_i > 0$ pour un produit et $\nu_i < 0$ pour un réactif)
n_i : quantité de matière échangée

Quantité de matière en cours de réaction

$$n_i = n_{i0} + \nu_i \xi$$

n_i : quantité de matière à la date t
n_{i0} : quantité de matière initiale
ν_i : nombre stœchimétrique algébrique
ξ : avancement

Vitesse de réaction

$$r = \frac{1}{\nu_i}\frac{dc_i}{dt} = \frac{1}{V}\frac{d\xi}{dt}$$

r : vitesse de la réaction
ν_i nombre stœchiométrique algébrique de l'espèce
c_i : concentration de l'espèce
ξ : avancement
V : volume du réacteur

Ordre d'une réaction

$$\nu_1 A_1 + \nu_2 A_2 \rightarrow \nu_1' A_1' + \nu_2' A_2'$$

$$v = k[A_1]^{p_1}[A_2]^{p_2}$$

k : constante de vitesse de la réaction
$[A_i]$: concentration de l'espèce A_i
p_i : ordre partiel en A_i
$\sum_i p_i = p$: ordre global de la réaction

Dégénérescence de l'ordre

Si $[A_2]_0 \gg [A_1]_0$ alors $v = k'[A_1]^{p_1}$

$k' = k[A_2]_0^{p_2}$: constante de vitesse apparente de la réaction
p_1 : ordre apparent de la réaction

Loi de Van't Hoff

Lorsque la réaction est un processus élémentaire, les ordres partiels se confondent avec les nombres stœchiométriques et l'ordre total à la molécularité

Loi d'Arrhénius

$$\frac{d\ln k}{dT} = \frac{E_a}{RT^2}$$

k : constante de vitesse
E_a : énergie d'activation
R : constante des gaz parfaits
T : température

Loi de vitesse d'une réaction d'ordre 1

$$c = c_0 e^{-k\alpha t}, \alpha > 0$$

c : concentration de l'espèce
c_0 : concentration initiale
k : constante de vitesse

$$t_{1/2} = \frac{\ln 2}{\alpha k}$$

Le temps de demi-réaction est indépendant de c_0 (α étant le nombre stœchiométrique du réactif limitant et $\alpha > 0$).

AEQS : théorème de Bodenstein

$$\frac{d[A]}{dt} = 0$$

Conditions d'application de l'Approximation des États Quasi Stationnaires :
- [A] très faible
- A espèce très réactive (intermédiaire réactionnel)

Longueur de chaîne

$$l = \frac{\text{vitesse de disparition réactif}}{\text{vitesse d'initiation}}$$

2.2 Étude expérimentale

Spectrophotométrie

$$A = \log \frac{\Phi_0}{\Phi} = \varepsilon \cdot l \cdot c$$

Si la substance est colorée, on peut suivre l'évolution de sa concentration grâce à la loi de Beer Lambert.
$\varepsilon(\lambda, T, \text{solvant})$: coefficient d'absorption molaire
l : longueur de cuve
c : concentration

Méthode différentielle

$$v = \frac{dx}{dt}$$

(pente de la courbe)

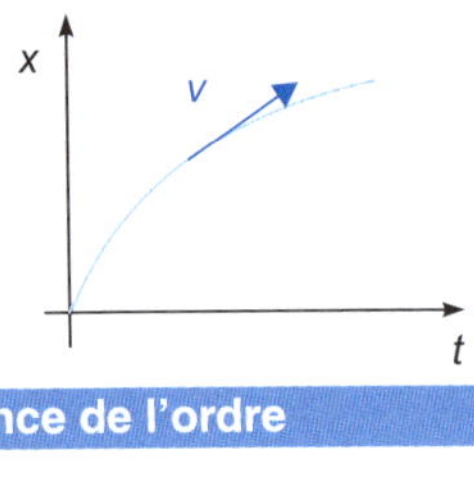

Méthode de dégénérescence de l'ordre

$$v = k[A_1]^{\gamma_1}[A_2]^{\gamma_2} = k'[A_1]^{\gamma_1}$$

avec $k' = k[A_2]^{\gamma_2}$ si $[A_2] \gg [A_1]$

Vitesse initiale

$$v_0 = k[A_1]_0^{\gamma_1}[A_2]_0^{\gamma_2}$$

La mesure de la vitesse initiale permet de déterminer la constante de vitesse.

3. Solutions aqueuses

3.1 Réactions acido-basiques

Définition du pH

$$pH = -\log\left(\frac{[H_3O^+]}{c^0}\right)$$

La relation ci-contre n'est valable qu'en milieux dilués.
$[H_3O^+]$: concentration en ions H_3O^+ dans le milieu
c^0 : concentration standard ($1\ mol \cdot L^{-1}$)

Produit ionique de l'eau

$$K_e = \frac{[H_3O^+] \cdot [OH^-]}{(c^0)^2} = 10^{-14}$$

$$pK_e = -\log K_e = 14$$

K_e : produit ionique de l'eau
$[H_3O^+]$: concentration en ions H_3O^+ dans le milieu
$[OH^-]$: concentration en ions OH^- dans le milieu
c^0 : concentration standard

Constante d'acidité d'un couple acidobasique

$$HA + H_2O \rightleftharpoons A^- + H_3O^+$$

$$K_a = \frac{[H_3O^+] \cdot [A^-]}{[HA] \cdot c^0}$$

$$pK_a = -\log K_a$$

K_a : constante d'acidité du couple acidobasique (ne dépend que de la température).
$[H_3O^+]$: concentration en ions H_3O^+ dans le milieu
$[HA]$: concentration de l'espèce acide dans le milieu
$[A^-]$: concentration de l'espèce basique dans le milieu
c^0 : concentration standard

Domaines de prédominance

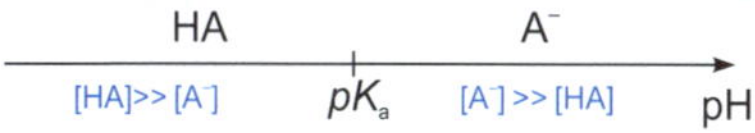

pH d'un couple acide/base

$$pH = pK_a + \log\frac{[A^-]}{[HA]}$$

$[HA]$: concentration de l'espèce acide dans le milieu
$[A^-]$: concentration de l'espèce basique dans le milieu

pH d'un acide fort

$pH = -\log \frac{[H_3O^+]}{c^0}$	$[H_3O^+]$: concentration en ions H_3O^+ dans le milieu

pH d'un monoacide faible

$pH = \frac{1}{2}(pK_a + pC_A)$	Valable si $pH \leqslant pK_a - 1$ C_A : concentration introduite en HA pK_a du couple acidobasique

pH d'une solution d'ampholyte

$pH = \frac{1}{2}(pK_1 + pK_2)$	pK_1 et pK_2 : constantes d'acidités relatives au couple.

Dosages acidobasiques

$pH = pK_a$	À la demi-équivalence d'un dosage d'un acide faible par une base forte ou d'une base faible par un acide fort

Pouvoir tampon

$t = \frac{dc}{dpH}$	dc : ajout d'acide ou de base forte dans la solution dpH : variation de pH consécutive à cet ajout

3.2 Réactions de complexation

Constante de dissociation

$A + L \rightleftharpoons AL$ $K_D = \frac{[A][L]}{c^0[AL]}$	K_D : constante de dissociation [A] : concentration de l'accepteur de ligand [L] : concentration du ligand [AL] : concentration du complexe c^0 : concentration standard

Complexes successifs

$$\beta_n = \frac{(c^0)^n \cdot [AL_n]}{[A][L]^n}$$

β_n : constante globale de stabilité (ou de formation)
[A] : concentration de l'accepteur de ligand
[L] : concentration du ligand
c_0 : concentration standard

pL

$$pL = -\log L = pK + \log \frac{[A]}{[L]}$$

[A] : concentration de l'accepteur de ligand
[L] : concentration du ligand
$pK = -\log K$ avec K, constante de dissociation du complexe

Domaines de prédominance

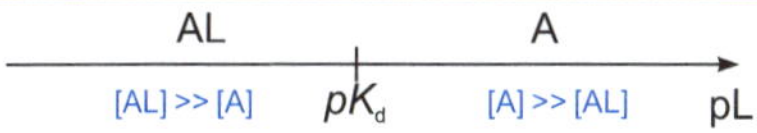

3.3 Réactions de précipitation

Produit de solubilité

$$P_s \rightleftharpoons \nu_1 S_1 + \nu_2 S_2$$

$$K_s = \frac{[S_1]^{\nu_1} \cdot [S_2]^{\nu_2}}{(C^\circ)^{\nu_1+\nu_2}}$$

ν_i : nombre stœchiométrique de S_i
$[S_i]$: concentration en S_i
K_s : produit de solubilité
P_s : précipité

Solubilité

La solubilité $s = \frac{[S_i]}{\nu_i}$ est la quantité maximale de solide que l'on peut dissoudre dans un litre de solution.

Condition de précipitation

$$Q = \prod_i (A_i)^{\nu_i} \geqslant K_s$$

À cette condition, il y a précipitation et à l'équilibre : $Q_e = K_s$

3.4 Réactions d'oxydoréduction

Couple redox

$$\alpha\, ox + n\, e^- \underset{\text{oxydation}}{\overset{\text{réduction}}{\rightleftharpoons}} \beta\, red$$

Nombre d'oxydation – Définition

C'est le nombre d'électrons « perdus » par rapport à l'atome neutre.

Nombre d'oxydations – Règles de détermination

– atome isolé neutre : n.o. : 0 ; – ion simple : le nombre d'oxydations est la charge de l'ion ; – molécule ou ion complexe : – entre deux atomes du même élément, on attribue à chacun l'un des électrons du doublet de liaison ; – entre deux atomes différents, on attribue les électrons de liaison au plus électronégatif.	Dans tous les cas : $\sum n.o. = q$ avec q la charge de l'édifice atomique.

Oxydant – Réducteur

Un oxydant est une espèce dont le nombre d'oxydation peut diminuer.	Un réducteur est une espèce dont le nombre d'oxydation peut augmenter.

Équilibrage d'une équation redox

Pour équilibrer une équation on procède en :

1. déterminant le nombre d'électrons échangés avec le nombre d'oxydations ;

2. effectuant un bilan des charges et en assurant l'électroneutralité avec H^+ et l'équilibre en atomes d'oxygène avec H_2O ;

3. effectuant un bilan de matière.

Électrode à hydrogène

C'est l'électrode de référence pour les mesures de potentiels redox (à toute température $E^0(H^+/H_2) = 0,000$ V). Cette électrode est fictive.

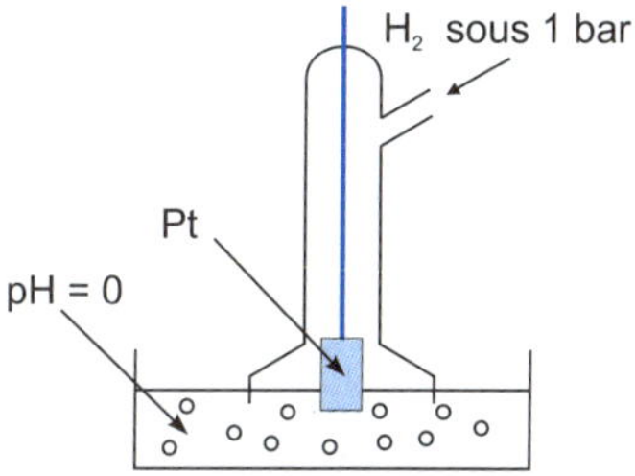

Formule de Nernst

$$E = E^0 + \frac{RT}{n\mathcal{F}} \ln \frac{a_{ox}^{\alpha}}{a_{red}^{\beta}}$$

a_{ox} : activité de l'oxydant
a_{red} : activité du réducteur
Avec :
- $a = 1$ pour tout solide ou un liquide pur dans la phase
- $a = \frac{c}{c^0}$ pour un soluté
- $a = \frac{p_i}{p^0}$ la pression partielle pour un gaz (dans le cas des solutions diluées)

E : potentiel de l'électrode
E^0 : potentiel standard du couple redox
n : nombre d'électrons échangés
$\mathcal{F} = \mathcal{N} \cdot e$: nombre de Faraday
R : constante des gaz parfaits
T : température

Formule de Nernst : forme usuelle

$$E = E^0 + \frac{0,06}{n} \log \frac{a_{ox}^{\alpha}}{a_{red}^{\beta}}$$

À 25°C, $\frac{RT}{\mathcal{F} \ln 10} = 0,06$

Réactions aux électrodes d'une pile

La réduction se produit à la cathode
L'oxydation se produit à l'anode

On symbolise une pile par :

$$\underbrace{ox_1, red_1}_{\text{pôle négatif}} // \underbrace{ox_2, red_2}_{\text{pôle positif}}$$

Pile Daniell

Zn : zinc, métal le plus réducteur
Cu : cuivre, métal le plus oxydant
Le pont ionique assure le transfert d'ions entre les deux solutions.

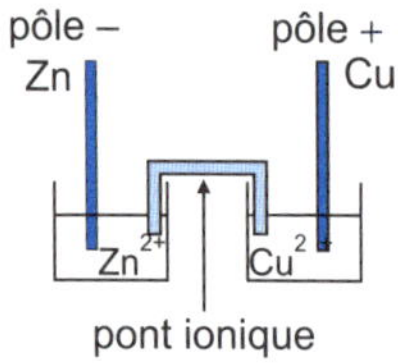

Force électromotrice d'une pile

$$E = E_2 - E_1$$

E : force électromotrice (fém) de la pile
E_1 : potentiel du couple constituant l'anode
E_2 : potentiel du couple constituant la cathode

4. Cristallographie

4.1 Généralités

Définitions

Réseau : disposition spatiale des noeuds

Motif : description des entités qui occupent ces noeuds

Compacité : Rapport entre le volume de la maille et le volume réellement occupé par les entités de la maille.
Une maille est entièrement décrite par son réseau et son motif.

Coordinence : nombre d'entités en contact avec une autre entité.

4.2 Mailles et sites dans les cristaux métalliques

Maille hexagonale compacte

Coordinence : 12
Compacité : 0,74
2 atomes par maille

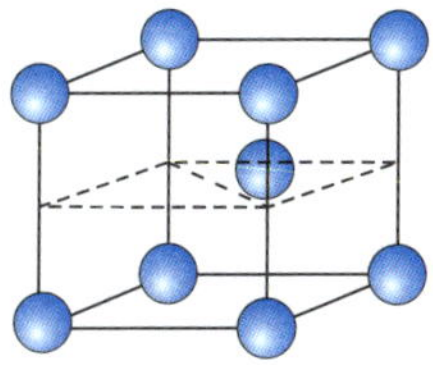

Maille cubique à faces centrées

Coordinence : 12
Compacité : 0,74
4 atomes par maille

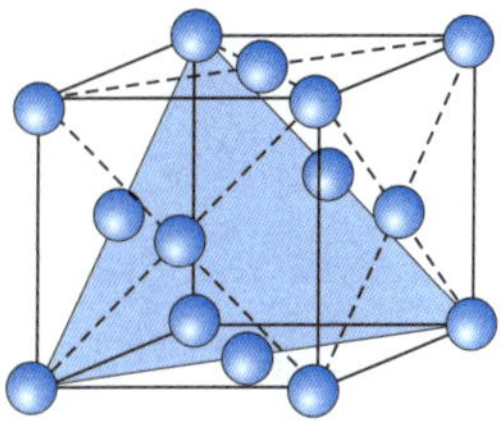

Maille cubique centrée

Coordinence : 8
Compacité : 0,68
2 atomes par maille

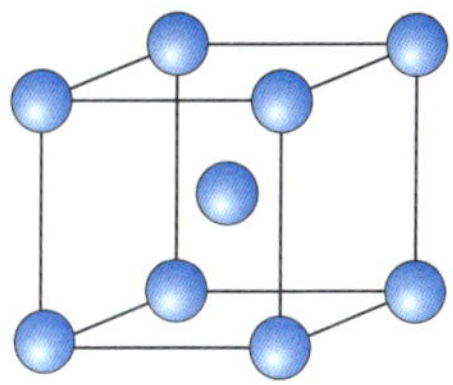

Sites octaédriques

Dimension : $r_O = (\sqrt{2} - 1)r$
– Au centre et au milieu de chaque arrête du la maille cubique face centrée (4 sites par maille)
– À $\frac{c}{4}$ et $\frac{3c}{4}$ dans la maille hexagonale compacte (2 sites par maille)

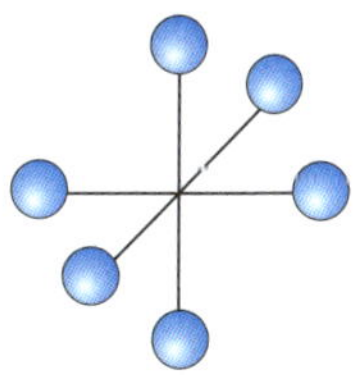

Sites tétraédriques

Dimension : $r_T = (\sqrt{\frac{3}{2}} - 1)r$

– Au centre de huit petits cubes d'arrête $\frac{a}{2}$ dans la maille cubique face centrée (8 sites par maille)

– À $\frac{c}{8}$ et $\frac{7c}{8}$ sur chaque côté vertical dans l'hexagonale compacte (4 sites par maille)

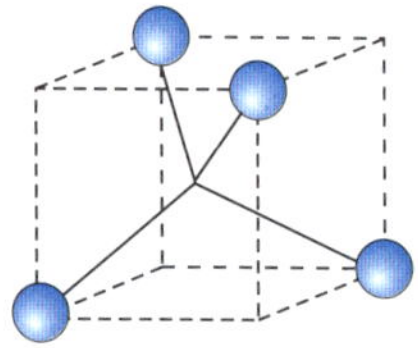

4.3 Cristaux ioniques

Chlorure de césium (CsCl)

Les ions Cl^- forment un réseau cubique (1 atome par maille)
Les ions Cs^+ sont aux centres de ces cubes (1 atome par maille)
Coordination : [8-8]
Structure adoptée si :

$$\sqrt{3} - 1 \leqslant \frac{r_+}{r_-} < 1$$

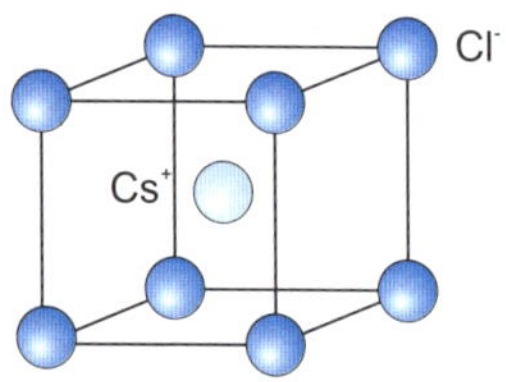

Chlorure de sodium (NaCl)

Les ions Cl^- forment un réseau cubique faces centrées (4 atomes par maille)
Les ions Na^+ occupent les sites octaédriques de ce réseau (4 atomes par maille)
Coordination : [6-6]
Structure adoptée si :

$$\sqrt{2} - 1 \leqslant \frac{r_+}{r_-} < \sqrt{3} - 1$$

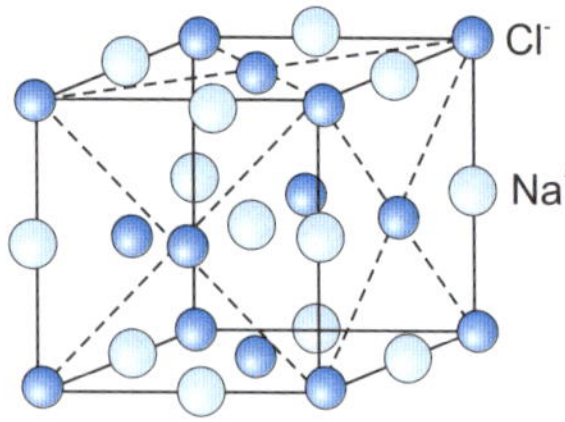

Blende (ZnS)

Les ions Zn^{2+} forment un réseau cubique faces centrées (4 atomes par maille)
Les ions S^{2-} occupent un site tétraédrique sur deux dans le réseau précédent (4 atomes par maille)
Coordination : [4-4]
Structure adoptée si :

$$0 \leqslant \frac{r_+}{r_-} < \sqrt{2} - 1$$

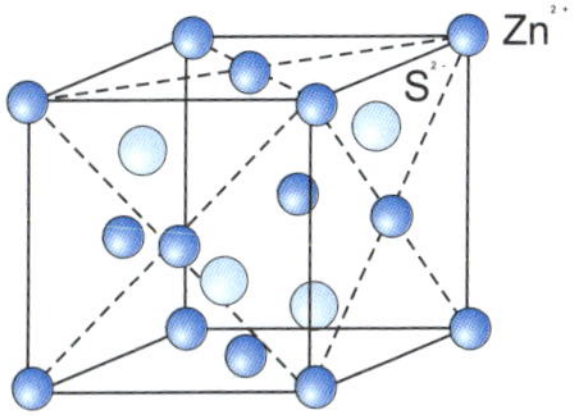

Fluorine (CaF_2)

Les ions Ca^{2+} forment un réseau cubique faces centrées (4 atomes par maille)
Les ions F^- occupent tous les sites tétraédriques du réseau précédent (8 atomes par maille)
Coordination : [8-4]

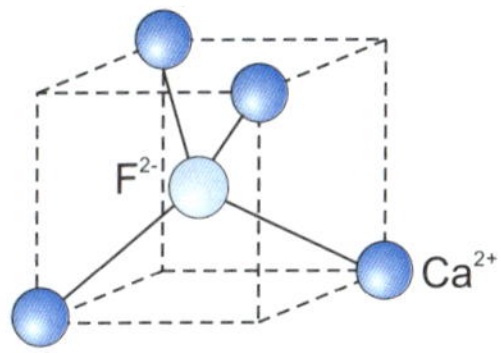

4.4 Cristaux covalents

Diamant - Silicium

Structure de type blende

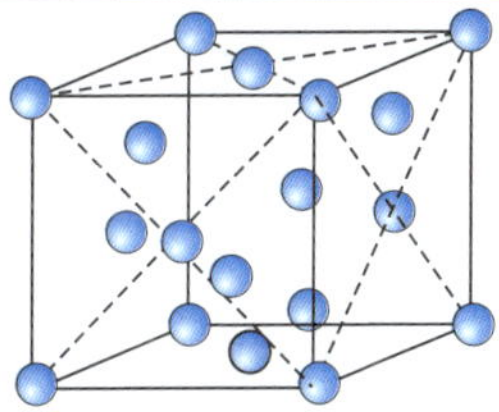

Graphite

Structure en feuillets

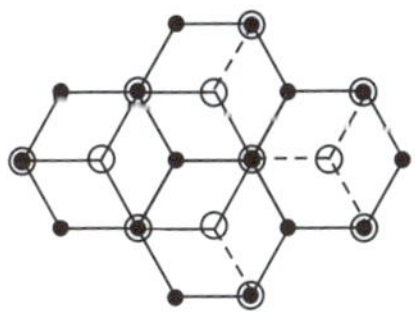

4.5 Cristaux moléculaires

Diode (I_2) - Dioxyde de carbone (CO_2)

Mailles rhomboédriques. Cohésion assurée par liaisons de Van der Waals

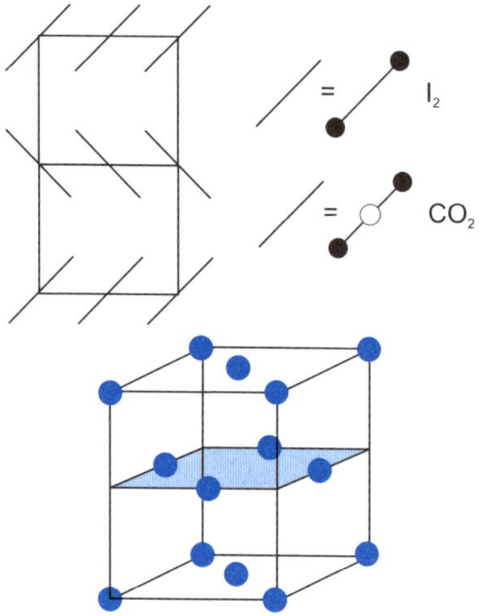

Glace I

Cohésion assurée par liaisons hydrogène

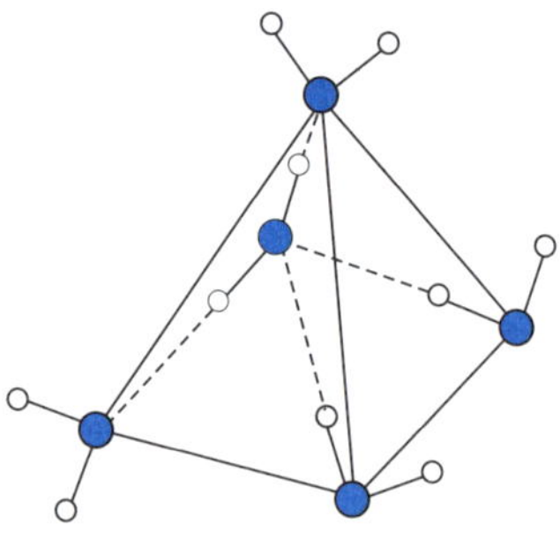

Liaison de Van der Waals

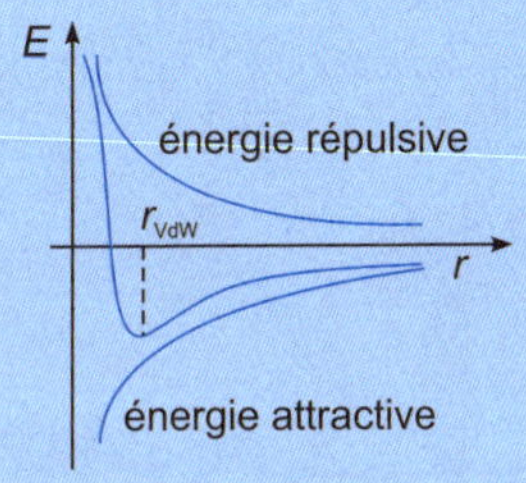

Interaction attractives :
Orientation de Keesom entre les molécules polaires
Dispersion de London
Induction de Debye entre une molécule polaire et une molécule apolaire
Ces interactions dont l'énergie est en r^{-6} agissent à « grande » distance
Interaction répulsives dont l'énergie est en r^{-12} agissent à « faible » distance.
Le rayon de Van der Waals correspond à un minimum énergétique.

4.6 Cristal réel

Défaut de Frenkel

Une entité est décalée par rapport à sa position théorique

Défaut de Schottky

Il manque une entité dans le réseau cristallin

Défauts anti-Schottky

Il y a une entité supplémentaire dans le réseau cristallin

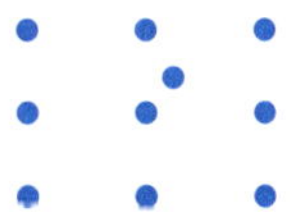

Défaut de centre F – Défaut linéaire

Le défaut centre F se manifeste par la coloration du cristal. Les défauts linéaires sont des déformations du réseau cristallin (qui ne présente plus de géométrie régulière)

Non stœchiométrie

Un composé binaire comporte alors plus un composé que l'autre.Dans le cas de FeO, c'est le fer qui est en défaut ; la formule du cristal est donc :

$$Fe_{1-x}\square_x O$$

4.7 Bandes d'énergie

Différentes bandes

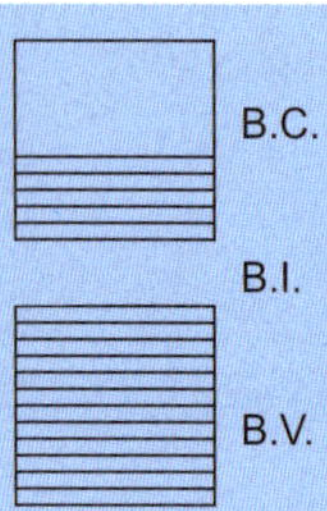

B.C. : **bande de conduction**, bande de plus basse énergie partiellement occupée ou vide
B.V. : **bande de valence**, bande de plus haute énergie saturée
B.I. : **bande interdite**, niveau énergétique dans lequel ne peuvent se trouver les électrons

Isolants

Dans le cas d'un isolant, la bande de conduction est vide et les électrons de la bande de valence ne peuvent franchir cette bande.

Semiconducteurs

Les électrons peuvent passer de la bande de valence à la bande de conduction dans certaines conditions de température.

Dopage – Semiconducteur de type n

On remplace l'atome du réseau par un atome de la colonne suivante ; il y a alors création d'un niveau énergétique sous la bande de conduction.

Dopage – Semiconducteur de type p

On remplace l'atome du réseau par un atome de la colonne précédente ; il y a alors création d'une bande accepteuse d'électrons d'énergie moindre que la bande de valence

5. Thermodynamique

La thermodynamique a déjà été abordée au cours du chapitre de physique. Il est conseillé de se reporter à cette section, les notions préalablement traitées n'étant pas à nouveau abordées ici.

5.1 Fonctions d'état

Définition

$$X_i = \left(\frac{\partial X}{\partial n_i}\right)_{T,p,n_j \neq n_i}$$

X : fonction d'état extensive
X_i : grandeur molaire partielle relative au composé A_i
n_i : quantité de matière du constituant A_i

Relation de Gibbs–Duhem

$$\sum_i n_i \, \mathrm{d}X_{i\ T,p} = 0$$

n_i : quantité de matière du constituant A_i
$\mathrm{d}X_{i\ T,p}$: grandeur standard de réaction concernant le constituant A_i à T et p constantes

Grandeurs de réaction associées aux fonctions d'état

$$\Delta_r X = \sum_i \nu_i X_i = \left(\frac{\partial X}{\partial \xi}\right)_{T,p}$$

$\Delta_r X$: grandeur de réaction
ν_i : nombre stœchiométrique relatif au composé A_i
X_i : grandeur molaire partielle relative au corps A_i

Relation de Gibbs–Helmoltz

$$\frac{\partial}{\partial T}\left(\frac{\Delta_r G}{T}\right) = -\frac{\Delta_r H}{T^2}$$

$\Delta_r G$: enthalpie libre de réaction
$\Delta_r H$: enthalpie de réaction
T : température

5.2 Potentiel chimique

Définition

$$\mu_i = \left(\frac{\partial G}{\partial n_i}\right)_{T,p,n_j \neq n_i}$$

$$\mu_i = \left(\frac{\partial U}{\partial n_i}\right)_{V,S,n_j \neq n_i}$$

$$\mu_i = \left(\frac{\partial H}{\partial n_i}\right)_{p,S,n_j \neq n_i}$$

$$\mu_i = \left(\frac{\partial F}{\partial n_i}\right)_{V,T,n_j \neq n_i}$$

μ_i : potentiel chimique du composé A_i
U, H, F, G : énergie interne, enthalpie, énergie libre, enthalpie libre
T, p, V : température, pression, volume
n_i : quantité de matière du composé A_i

Condition d'équilibre physique

$$\mu_{\varphi_1} = \mu_{\varphi_2}$$

Le potentiel chimique du corps pur dans les deux phases est le même.
μ_{φ_i} : potentiel chimique du corps pur dans la phase i

Évolution vers un état d'équilibre

S'il n'est pas à l'équilibre, le corps pur passe irréversiblement de la phase de plus haut potentiel chimique vers la phase de plus bas potentiel chimique et ce, jusqu'à l'obtention de l'égalité précédente.

Potentiel d'un gaz

$$\mu_{i(\mathrm{g})} = \mu^0_{i(\mathrm{g})} + \mathrm{R}T \ln \frac{p_i}{p^0}$$

$\mu_{i(\mathrm{g})}$: potentiel chimique du gaz A_i
μ_i^0 : potentiel chimique standard du gaz A_i (à la pression p^0)
R : constante des gaz parfaits
T : température
p_i : pression partielle du gaz A_i
p^0 : pression standard (1 bar $= 10^5$ Pa)

Potentiel chimique d'un soluté

$\mu_{i(s)} = \mu^0_{i(s)} + RT \ln \frac{c_i}{c^0}$	R : constante des gaz parfaits T : température c_i concentration du composé A_i c^0 : concentration standard ($1\ \text{mol} \cdot \text{L}^{-1}$)

5.3 Grandeurs standard de réaction

Enthalpie standard de réaction

$\Delta_r H^0 = \sum_i \nu_i H_i^0$	$\Delta_r H^0$: enthalpie standard de réaction ν_i : nombre stœchiométrique du composé A_i H_i^0 : enthalpie standard molaire de A_i pris dans son état standard

Entropie standard de réaction

$\Delta_r S^0 = \sum_i \nu_i S_i^0$	$\Delta_r S^0$: entropie standard de réaction ν_i : nombre stœchiométrique du composé A_i S_i^0 : entropie standard molaire de A_i pris dans son état standard

Enthalpie libre standard de réaction

$\Delta_r G^0 = \sum_i \nu_i G_i^0$	$\Delta_r G^0$: enthalpie libre standard de réaction ν_i : nombre stœchiométrique du composé A_i G_i^0 : enthalpie libre standard molaire de A_i pris dans son état standard

Relation entre grandeurs de réaction

$\Delta_r G^0 = \Delta_r H^0 - T\Delta_r S^0$	$\Delta_r S^0$: entropie standard de réaction $\Delta_r H^0$: enthalpie standard de réaction $\Delta_r G^0$: enthalpie libre standard de réaction T : température

Première loi de Kirchhoff

$$\frac{d\Delta_r H^0}{dT} = \Delta_r C_p^0 = \sum_i \nu_i C_{p,i}^0$$

$\Delta_r H^0$: enthalpie standard de réaction
$C_{p,i}^0$: capacité thermique molaire du constituant A_i à pression constante
ν_i : nombre stœchimétrique du composé A_i
T : température

Deuxième loi de Kirchhoff

$$\frac{d\Delta_r S^0}{dT} = \frac{\Delta_r C_p^0}{T} = \sum_i \frac{\nu_i C_{p,i}^0}{T}$$

$\Delta_r S^0$: entropie standard de réaction
$C_{p,i}^0$: capacité thermique molaire du constituant A_i à pression constante
ν_i : nombre stœchimétrique du composé A_i
T : température

Relations de Gibbs–Helmoltz

$$\Delta_r S^0 = -\frac{d\Delta_r G^0}{dT}$$

$$\Delta_r H^0 = -T^2 \frac{d}{dT}\left(\frac{\Delta_r G^0}{T}\right)$$

$\Delta_r S^0$: entropie standard de réaction
$\Delta_r H^0$: enthalpie standard de réaction
$\Delta_r G^0$: enthalpie libre standard de réaction
T : température

Relation de Hess

$$\Delta_r H^0 = \sum_i \nu_i \Delta_f H_i^0$$

$$\Delta_r G^0 = \sum_i \nu_i \Delta_f G_i^0$$

$\Delta_r H^0$: enthalpie standard de réaction
$\Delta_r G^0$: enthalpie libre standard de réaction
$\Delta_f H^0$: enthalpie standard de formation du composé A_i (nulle pour les corps purs)
$\Delta_f G^0$: enthalpie libre standard de formation du composé A_i

Cycle de Born–Haber

C'est un cycle thermodynamique qui permet de calculer avec la loi de Hess l'enthalpie de standard de réaction en décomposant les réactifs en atomes et en recomposant ces mêmes atomes pour former les produits.

5.4 Équilibres chimiques

Définition de l'affinité chimique

$$\mathcal{A} = -\sum_i \nu_i \mu_i = -\Delta_r G$$

$\mathcal{A}$: affinité chimique
$\Delta_r G^0$: enthalpie libre standard de réaction
ν_i : nombre stœchiométrique du composé A_i
μ_i : potentiel chimique du composé A_i

Expression de l'affinité

$$\mathcal{A} = \mathcal{A}^0 - RT \ln\left(\prod_i a_i^{\nu_i}\right)$$

$\mathcal{A}$: affinité chimique
$\mathcal{A}^0$: affinité chimique standard
a_i : activité du composé A_i
ν_i : nombre stœchimétrique du composé A_i
R : constante des gaz parfaits
T : température

Condition d'équilibre

$$\mathcal{A} = 0$$

Dans ce cas :

$$\mathcal{A}^0 = RT \ln K^0 = RT \ln\left(\prod_i a_i^{\nu_i}\right)$$

K^0 est la constante d'équilibre de la réaction

Sens d'évolution

$$\mathcal{A} \cdot d\xi \geqslant 0$$

Si $\mathcal{A} > 0$, $d\xi > 0$: il y a évolution dans le sens $\xrightarrow{1}$
Si $\mathcal{A} < 0$, $d\xi < 0$: il y a évolution dans le sens $\xleftarrow{2}$

Constante d'équilibre

$$K^0(T) = \prod_i a_i^{\nu_i}{}_{\text{équilibre}}$$

$K^0(T)$: constante d'équilibre de la réaction qui ne dépend que de la température
$a_{i\,\text{équilibre}}$: coefficient d'activité du composé A_i à l'équilibre
ν_i : nombre stœchiométrique du composé A_i

Température d'inversion

$$\Delta_r G^0(T_i) = 0$$
$$K^0(T_i) = 1$$

À cette température, la réaction prépondérante passe du sens $\xrightarrow{1}$ au sens $\xleftarrow{2}$

Effet de la température : loi de Van't Hoff

$$\frac{\mathrm{d}\ln K^0}{\mathrm{d}T} = \frac{\Delta_r H^0}{RT^2}$$

K^0 : constante d'équilibre de la réaction
$\Delta_r H^0$: enthalpie standard de la réaction
R : constante des gaz parfaits
T : température

Une augmentation de la température déplace la réaction dans le sens endothermique.

Effet de la pression : loi de Le Châtelier

Une augmentation de la pression déplace l'équilibre dans le sens de diminution de la quantité de matière de gaz ($\Delta\nu_{gaz} < 0$).

Introduction d'un constituant actif à P et T constants

$$\mathrm{d}\mathcal{A} = RT\left(\Delta\nu_{gaz} - \frac{\nu_i}{x_i}\right)\frac{\mathrm{d}n_i}{n}$$

$\mathrm{d}\mathcal{A}$: variation de l'affinité
ν_i : nombre stœchimétrique du composé A_i
x_i : titre molaire du composé A_i
n : quantité de matière totale
$\mathrm{d}n_i$: variation de quantité de matière du composé A_i

Ajout d'un constituant inactif à P et T constants

$$\mathrm{d}\mathcal{A} = RT\Delta\nu_{gaz}\frac{\mathrm{d}n}{n}$$

$\mathrm{d}\mathcal{A}$: variation de l'affinité
n : quantité de matière
$\mathrm{d}n$: variation de quantité de matière du constituant introduit

Variance – Règle des phases de Gibbs

$$v = c + 2 - \varphi$$
$$c = n - k - r$$

v : variance
c : nombre de constituants indépendants
φ : nombre de phases
n : nombre de constituants
k : nombre de relations entre les constituants
r : relation particulières (imposées par le manipulateur)

5.5 Équilibres liquide–vapeur

Loi de Raoult

$$p_i = p_i^* x_i^{\mathrm{l}}$$

p_i : pression partielle du composé A_i
p_i^* : pression saturante du composé A_i
x_i^{l} : titre molaire de A_i liquide

Loi de Henry

$$p_i = k x_i^{\mathrm{l}}$$

p_i : pression partielle du composé A_i
$k \neq p_i^*$: constante de Henry
x_i^{l} : titre molaire de A_i liquide

Solution idéale : définition

Une solution est dite idéale si toutes les interactions entre les espèces qui la composent sont identiques : interactions A_1–A_1, A_2–A_2 et A_1–A_2

Diagramme binaire d'une solution idéale

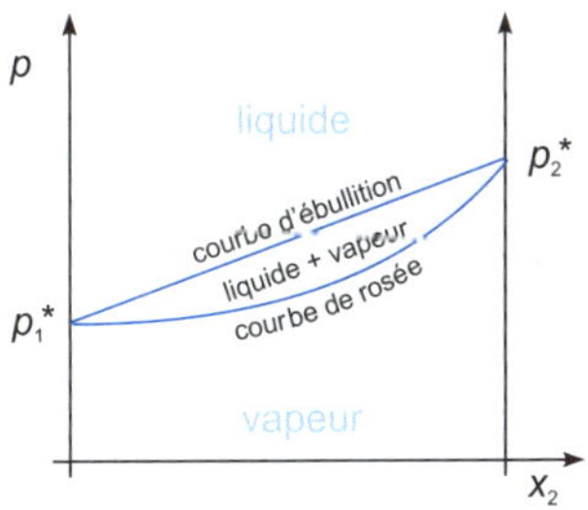

Équations des courbes

Courbe d'ébullition :

$$p = p_1^* + (p_2^* - p_1^*)x_2^{\mathrm{l}}$$

Courbe de rosée :

$$p = \frac{p_1^* p_2^*}{p_2^* - (p_2^* - p_1^*)x_2^{\mathrm{v}}}$$

Diagrammes isothermes

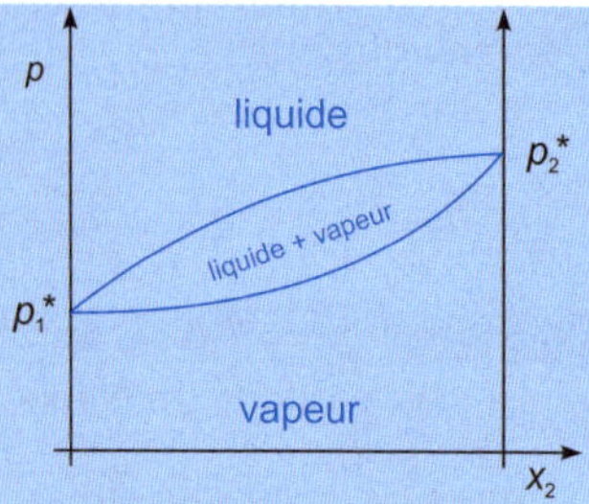

Fuseau simple

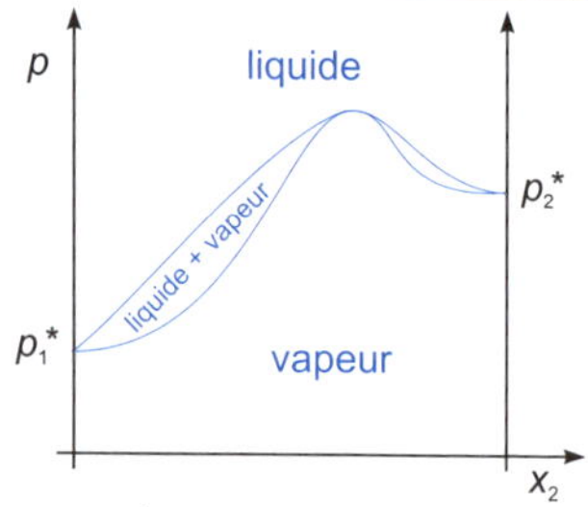

Azéotrope positif

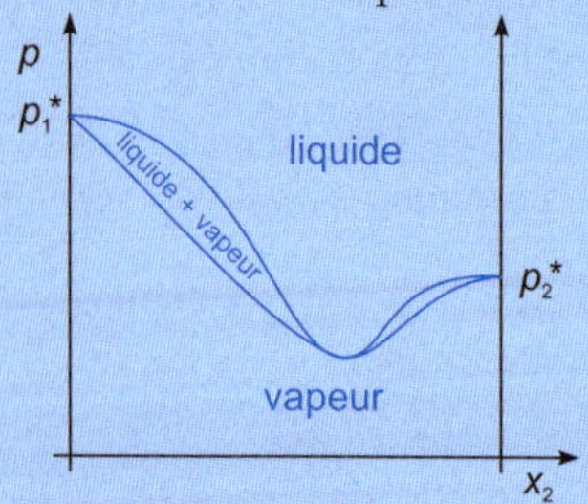

Azéotrope négatif

L'azéotrope est la manifestation de l'écart de la solution par rapport à la solution idéale.

Diagrammes isobares

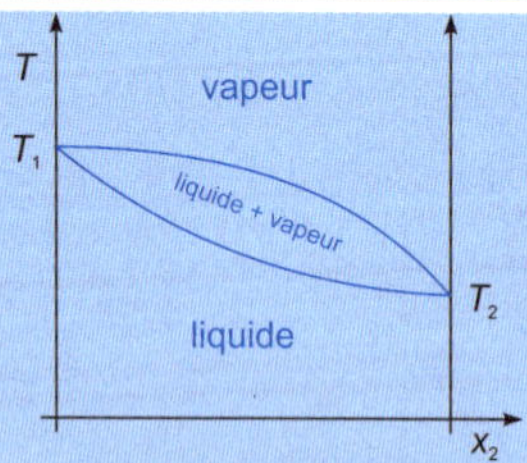

Fuseau simple

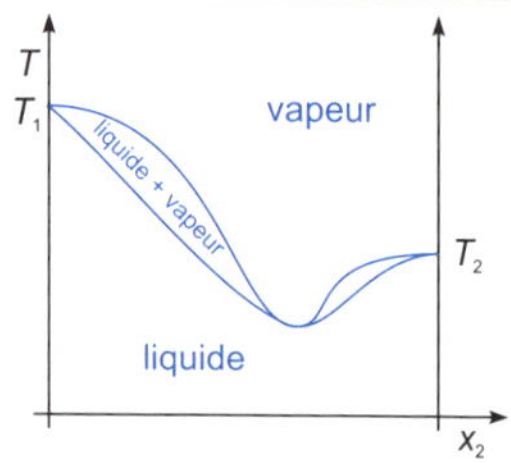

Azéotrope positif

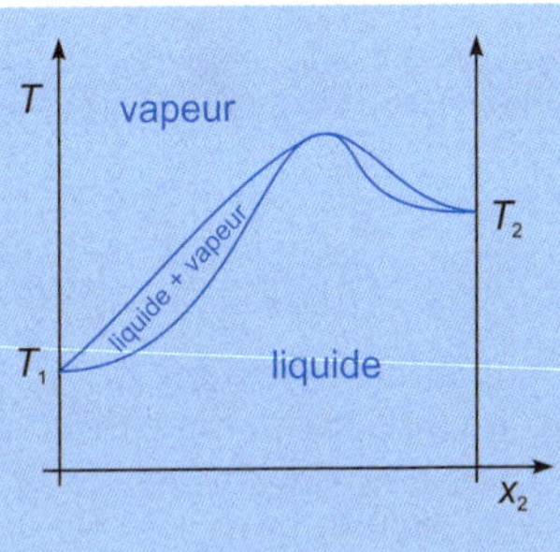

Azéotrope négatif

À pression constante, un azéotrope bout à température constante et donne une vapeur de même composition.

Analyse thermique

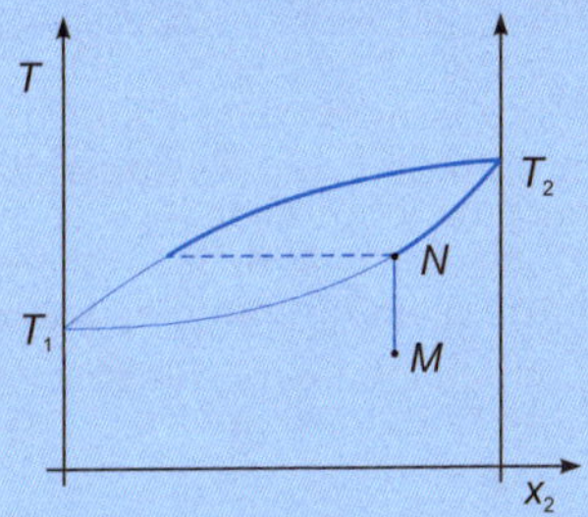

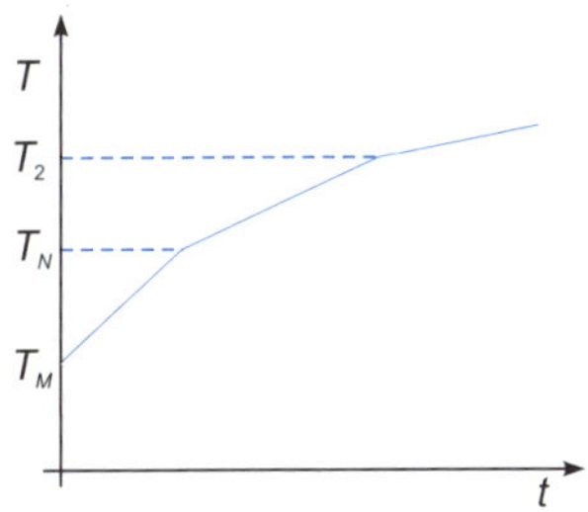

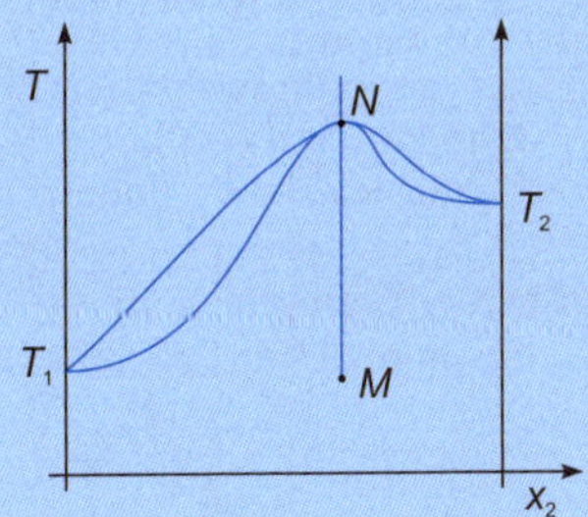

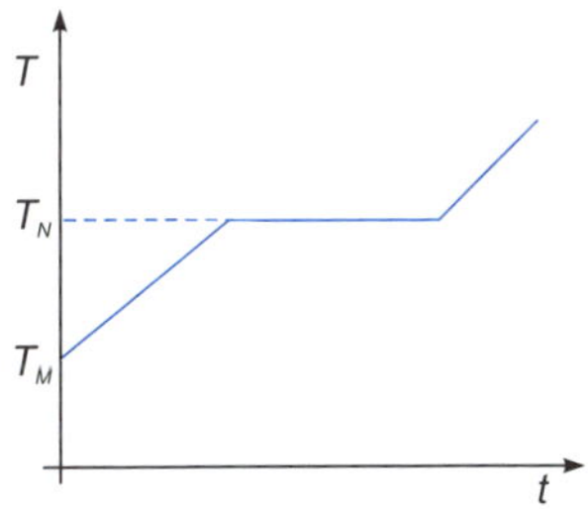

Théorème des moments

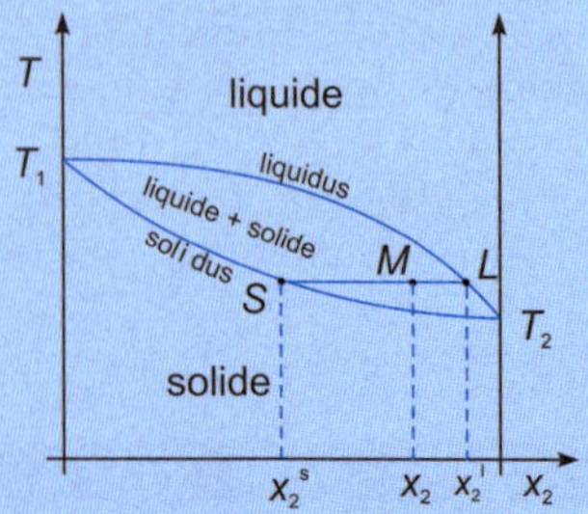

$$n^{\mathrm{l}}\overline{ML} + n^{\mathrm{v}}\overline{MV} = 0$$

n^{l} : quantité de matière de liquide
n^{v} : quantité de matière de vapeur
$\overline{ML}$: distance algébrique de M à la courbe d'ébullition
$\overline{MV}$: distance algébrique de M à la courbe de rosée

Loi de la tonométrie

$$\frac{\Delta p}{p_2^*} = x_1^{\mathrm{l}}$$

On introduit un constituant A_1 dans une solution de A_2.
Δp : abaissement de la pression
p_2^* : pression saturante du solvant
x_1^{l} : titre molaire du soluté

Loi d'ébulloscopie

$$\Delta T = T - T_2 = \frac{\mathrm{R}T_2^2}{l_2} x_1^{\mathrm{l}}$$

On introduit un constituant A_1 dans une solution de A_2.
ΔT : élévation de la température
T_2 : température d'ébullition de A_2
l_2 : chaleur latente de liquéfaction de A_2
x_1^{l} : titre molaire du soluté
R : constante des gaz parfaits

5.6 Équilibres solide – liquide

Cas des solides miscibles

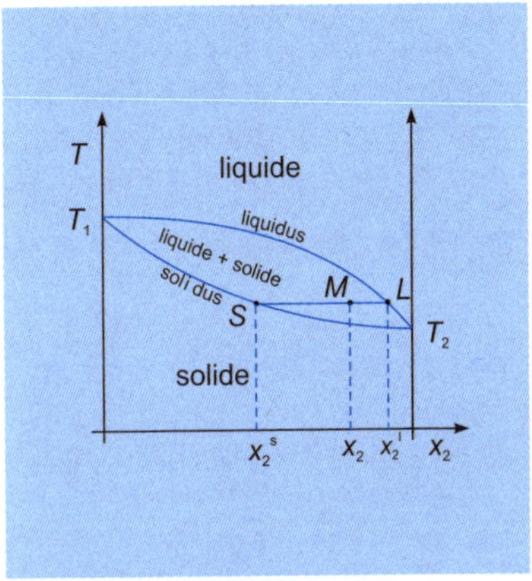

Seule importe l'étude des diagrammes isobares. Dans le cas des solides miscibles, on retrouve le même type de diagramme (et d'analyse thermique) que dans le cas des diagrammes liquide-vapeur à pression constante.

Théorème des moments :
$n^s\overline{MS} + n^l\overline{ML} = 0$
n^l : quantité de matière de liquide
n^s : quantité de matière de solide
$\overline{ML}$: distance algébrique de M au liquidus
$\overline{MS}$: distance algébrique de M au solidus

Cas des solides non miscibles

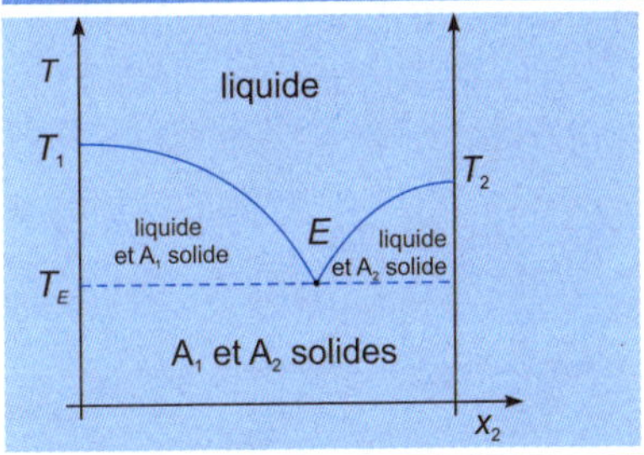

E est le point eutectique, en ce point le liquide cristallise sans changer de composition.

Analyse thermique

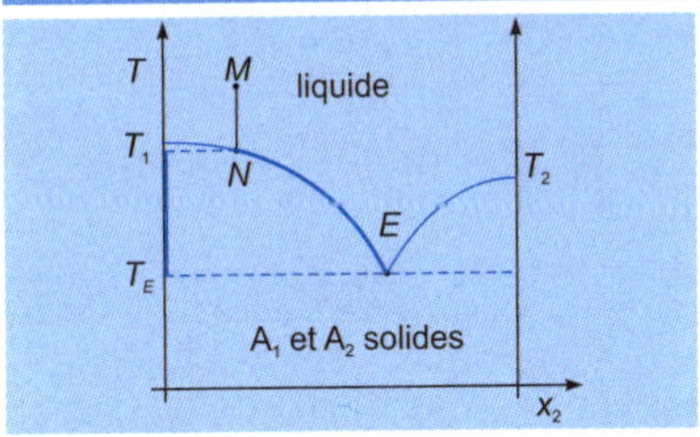

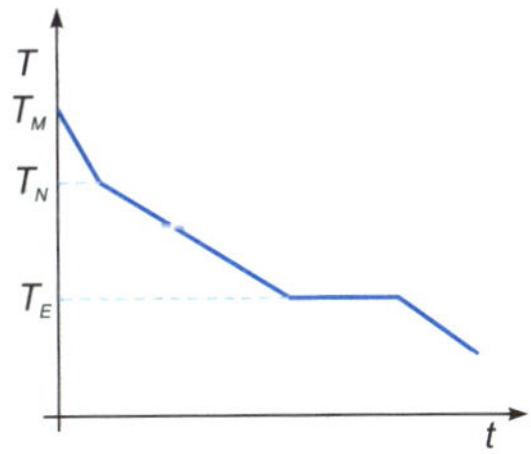

Loi de la cryométrie

$$\Delta T = T_1 - T = \frac{RT_2^2}{l_1} x_2^1$$

On introduit un constituant A_1 dans une solution de A_2.
ΔT : élévation de la température
T_2 : température de fusion de A_2
l_1 : chaleur latente de fusion de A_1
x_1^1 : titre molaire du soluté
R : constante des gaz parfaits

Composé défini

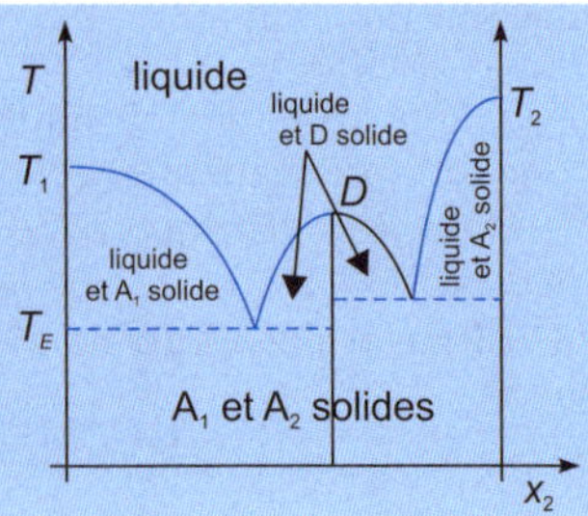

D est appelé composé défini ; il se comporte comme un corps pur.

6. Matériaux métalliques

6.1 Diagrammes d'Ellingham

Principe

On étudie la formation des oxydes ramenée à une même quantité de dioxygène, réaction qui s'écrit sous la forme générale :

$$\alpha \text{ red} + \frac{1}{2}O_2 \rightleftharpoons \beta \text{ ox}$$

On trace la courbe :

$$\Delta_r G^0 = \Delta_r H^0 - T\Delta_r S^0$$

Approximation d'Ellingham

Pour construire ces diagrammes, on considère que $\Delta_r G^0$, $\Delta_r H^0$ et $\Delta_r S^0$ sont indépendants de la température. Cette approximation est appelée approximation d'Ellingham.

Allure du diagramme

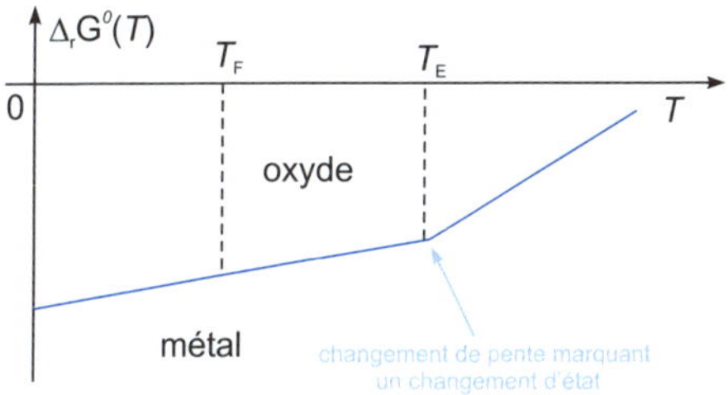

Affinité du système

$$\mathcal{A} = \frac{1}{2} RT \ln \frac{p}{p_e}$$

$\mathcal{A}$: affinité chimique
p : pression du réacteur
p_e : pression d'équilibre à une température donnée
T : température
R : constante des gaz parfaits

Corrosion d'un métal

Un métal est oxydé par un oxyde dont la droite d'Ellingham se situe au-dessus de sa propre droite.

Pyrométallurgie du zinc

1re étape : flottation
Le minerai (contenant moins de 20 % de blende) est transformé en un concentré de blende (ZnS)

2e étape : grillage

$$Zn_s + \frac{3}{2}O_2 \xrightarrow{1000°C} ZnO_s + SO_{2g}$$

3e étape : réduction
2 réactions sont envisageables :

$$ZnO + C_s \rightleftharpoons CO_g + Zn_g$$
$$ZnO + CO \rightleftharpoons Zn_g + CO_2$$

4e étape : liquation
Une douche de plomb liquide permet de solidifier le zinc. On récupère alors le zinc d'œuvre (riche à 98 % en zinc) qui peut être raffiné (par distillation fractionnée) pour obtenir du zinc pur à 99,99 %

6.2 Diagrammes potentiel-pH

Conventions

Convention 1 : sur le domaine frontière les concentrations des deux espèces sont égales à une concentration arbitrairement choisie

Convention 2 : on fixe la concentration totale en un élément donné. Sur le domaine frontière, les concentrations sont réparties équitablement.

Construction du diagramme potentiel–pH

1. On détermine le degré d'oxydation des espèces mises en jeu.
2. On calcule le pH frontière pour les espèces de même degré d'oxydation.
3. On calcule avec la formule de Nernst l'équation des droites séparant les domaines des espèces de degré d'oxydation distincts.

Les droites verticales marquent des réactions acido-basiques.
Les droites horizontales marquent des réactions redox.

Principaux diagrammes potentiels – pH

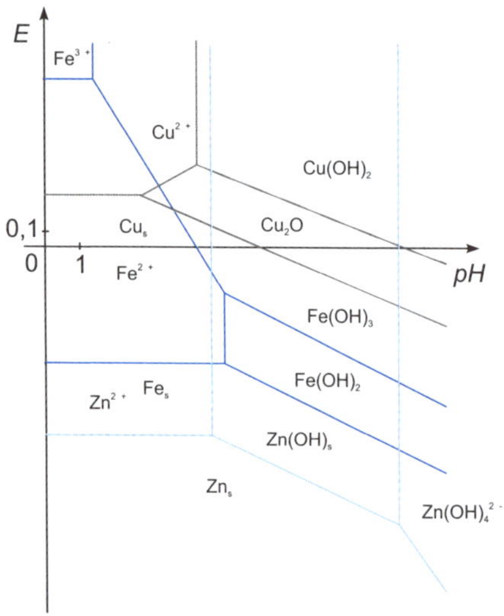

Diagramme potentiel – pH de l'eau

Le couple H_2 / H_2O est représenté par une droite de pente $-0,06$ et d'ordonnée à l'origine $0,00$ V.
Le couple H_2O / OH^- est représenté par une droite de pente $-0,06$ et d'ordonnée à l'origine $1,23$ V.

Hydrométallurgie du zinc

1re étape : flottation
Le minerai (contenant moins de 20 % de blende) est transformé en un concentré de blende (ZnS)
2e étape : grillage

$$\mathrm{Zn_s} + \frac{3}{2}\mathrm{O_2} \overset{1000°\mathrm{C}}{\longrightarrow} \mathrm{ZnO_s} + \mathrm{SO_2}_{\ \mathrm{g}}$$

3e étape : lixiviation acide

$$\mathrm{ZnO} + 2\mathrm{H^+} \longrightarrow \mathrm{Zn^{2+}} + \mathrm{H_2O}$$

4e étape : lixiviation neutre
On traite la solution précédente par ZnO à pH=5. Les ions $\mathrm{Fe^3}+$ précipitent et sont éliminés par filtration.
5e étape : cémentation
On traite la solution par de la poudre de zinc, les cations étant alors réduits :

$$\mathrm{Cu^{2+}} + \mathrm{Zn_s} \longrightarrow \mathrm{Cu_s} + \mathrm{Zn^{2+}}$$

6e étape : électrolyse
Réaction à l'anode (en plomb) : $\mathrm{H_2O} \longrightarrow \frac{1}{2}\mathrm{O_2} + 2\mathrm{H^+} + 2e^-$
Réaction à la cathode (en aluminium) : $\mathrm{Zn^{2+}} + 2e^- \longrightarrow \mathrm{Zn_s}$

6.3 Courbes intensité–potentiel

Tension minimale à appliquer

$$U \geqslant \frac{\Delta_r G}{2F}$$

U : tension appliquée
$\Delta_r G$: enthalpie libre de la réaction
F : nombre de Faraday

Intensité du courant – Vitesse de réaction

$$i = nF\frac{d\xi}{dt}$$

$$v = \frac{1}{V}\frac{d\xi}{dt}$$

i : intensité du courant
n : nombre d'électrons échangés au cours de la réaction
F : nombre de Faraday
ξ : avancement de la réaction
V : volume de solution électrolyte
La vitesse de réaction et l'intensité sont proportionnelles.

Montage expérimental

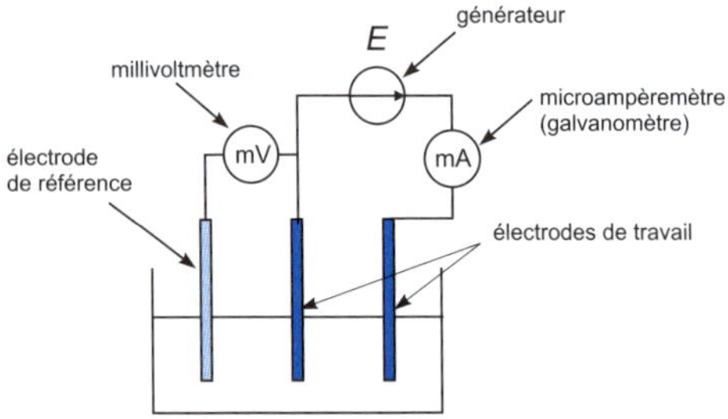

Système lent – Système rapide

Système rapide

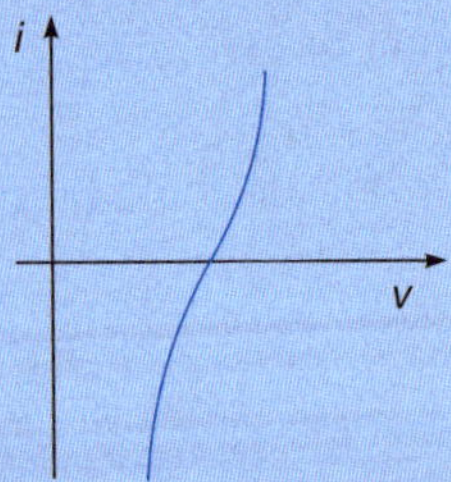

Système lent (existence de surtensions η_A et η_C respectivement anodiques et cathodiques)

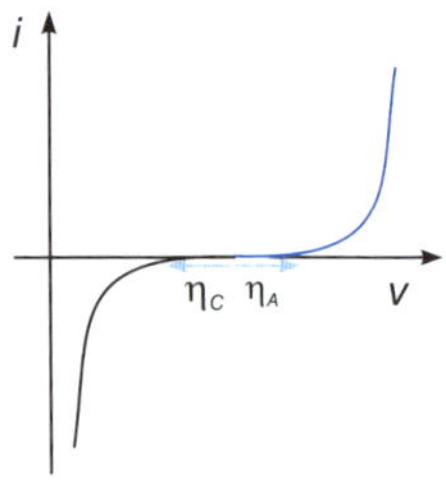

Courant limite de diffusion

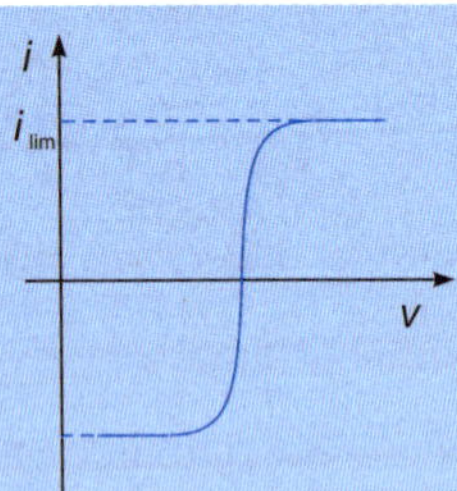

Le phénomène de diffusion limite la vitesse de déplacement des électrons ; il existe donc un courant limite.

Tension à appliquer

$$U = \underbrace{E_A - E_C}_{\text{thermodynamique}} + \underbrace{\eta_A - \eta_C}_{\text{cinétique}} + ri$$

U : tension à appliquer
E_A : potentiel du couple de l'anode
E_C : potentiel du couple de la cathode
η_A : surtension anodique
η_C : surtension cathodique
r : résistance interne de l'électrolyte
i : intensité du courant

6.4 Corrosion

Réaction de corrosion

$$M + ox \longrightarrow M^{n+} + red$$

M : métal qui va être corrodé
ox : un meilleur oxydant que le métal
M^{n+} : cation associé au métal dans un couple redox
red : réducteur associé à l'oxydant ox

Corrosion avec des électrodes différentes

Quand les électrodes sont différentes, c'est le métal qui a le plus petit potentiel redox qui se corrode.

Corrosion avec des électrodes identiques

Dans le cas d'une pile de concentration, c'est le métal qui plonge dans la solution la plus diluée qui se corrode.

C'est le métal qui plonge dans la solution la moins aérée qui se corrode.

Domaines de corrosion, d'immunité et de passivation

– On appelle **domaine de corrosion** le(s) domaine(s) d'un diagramme E–pH où le métal se retrouve sous forme d'ions.
– On appelle **domaine d'immunité** le domaine d'un diagramme E–pH où le métal est stable (il n'est pas corrodé).
– On appelle **domaine de passivation** le domaine d'un diagramme E–pH où le métal se retrouve sous forme de précipité qui est susceptible de former une couche protectrice à la surface du métal.

Protection contre la corrosion du fer

– **Protection physique** à l'aide de peinture anti-rouille ou de revêtement plastique.

– **Galvanisation** en recouvrant le fer d'une couche d'un métal plus réducteur, en général le zinc traité spécialement.

– **Anode sacrificielle** en reliant électriquement le fer à un métal plus réducteur et en formant ainsi une pile de concentration.

– **Protection électrochimique** en reliant le fer au pôle d'une pile et en fixant alors le potentiel du fer pour que celui-ci soit dans son domaine d'immunité.

7. Chimie organique

7.1 Nomenclature

Nomenclature des séries linéaires

Nombre d'atomes de carbone	Préfixe	Alcane associé
1	méth	CH_4 : méthane
2	éth	CH_3-CH_3 : éthane
3	prop	CH_3-CH_2-CH_3 : propane
4	but	$CH_3(-CH_2)_2-CH_3$: butane
5	pent	$CH_3(-CH_2)_3-CH_3$: pentane
6	hex	$CH_3(-CH_2)_4-CH_3$: hexane
7	hept	$CH_3(-CH_2)_5-CH_3$: heptane
8	oct	$CH_3(-CH_2)_6-CH_3$: octane
9	non	$CH_3(-CH_2)_7-CH_3$: nonane
10	déc	$CH_3(-CH_2)_8-CH_3$: décane
11	undéc	$CH_3(-CH_2)_9-CH_3$: undécane
12	dodéc	$CH_3(-CH_2)_{10}-CH_3$: dodécane
20	eicos	$CH_3(-CH_2)_{18}-CH_3$: eicosane

Nomenclature des fonctions usuelles (par ordre de priorité)

Fonction	Préfixe	Suffixe	Nom générique
Acide carboxylique	carboxy-	-oïque	acide alcanoïque
Anhydride d'acide	–	-oïque	anhydride alcanoïque
Ester	–	-oate	alcanoate d'alkyle
Halogénure d'acyle	–	-oyle	halogénure d'alcanoyle
Amide	amido-	-amide	alcanamide
Nitrile	cyano	nitrile	alcanenitrile
Aldéhyde	oxo-	-al	alcanal
Cétone	oxo-	-one	alcanone
Alcool	hydroxy-	-ol	alcanol
Amine	amino-	-amine	alkylamine
Étheroxyde	–	oxy	alkoxy alcane
Halogénure	halogéno-	–	halogénoalcane
Organométallique	–	métal	halogénure d'alkylmétal

Nomenclature des chaînes

Insaturation	Suffixe
Sans insaturation	-ane
1 double liaison	-ène
1 triple liaison	-yne
2 doubles liaisons	-adiène
3 doubles liaisons	-atriène
2 triples liaisons	-adiyne
1 double liaison et 1 triple liaison	-ènyne

Règles générales de nomenclature

1. La **chaîne la plus longue** est numérotée afin de donner le plus bas indice aux liaisons multiples (le carbone fonctionnel est toujours le carbone 1).
2. On **nomme les substituants** sous la forme *n*-alkyl, *n* étant l'indice de position sur la chaîne précédente.
3. Les substituants éventuellement identiques sont précédés des préfixes appropriés : di, tri, tetra,...
4. On nomme la molécule en plaçant les subtituants par ordre alphabétique sous la forme :

$$n_1\text{-subs1-}n_2, n_3\text{-subs2chaînefonction}$$

7.2 Conformations et stéréoisomères

Conformation – Définition

On appelle conformations les différentes dispositions entre lesquelles on peut passer sans « casser » de liaisons.

Configuration – Définition

On appelle configurations d'une molécule les différentes dispositions entre lesquelles on peut passer en cassant des liaisons.

Énergie et conformations

La figure ci-dessous représente l'énergie en fonction de la conformation :

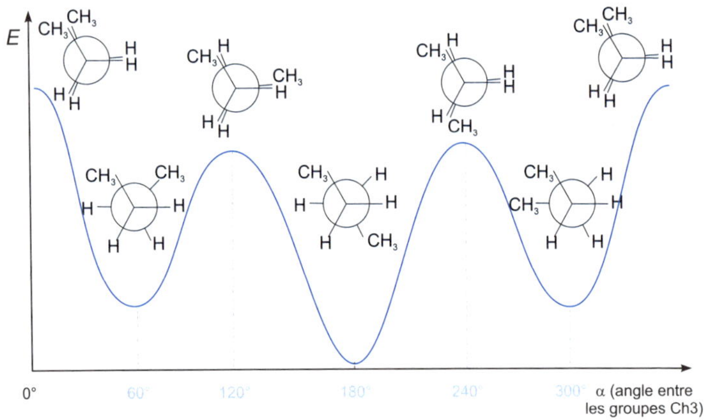

Conformations : cas du cyclohexane

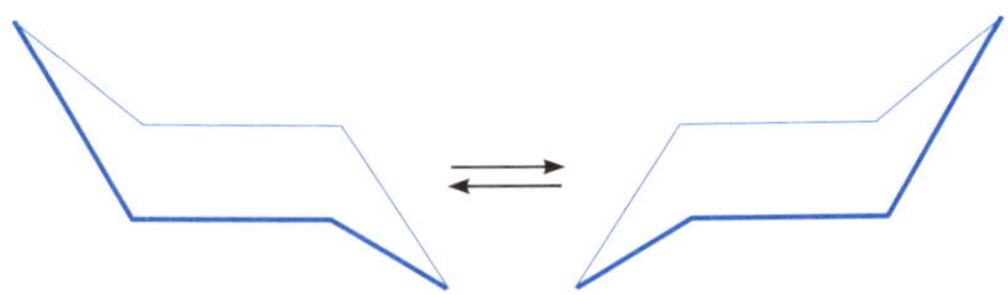

chaises

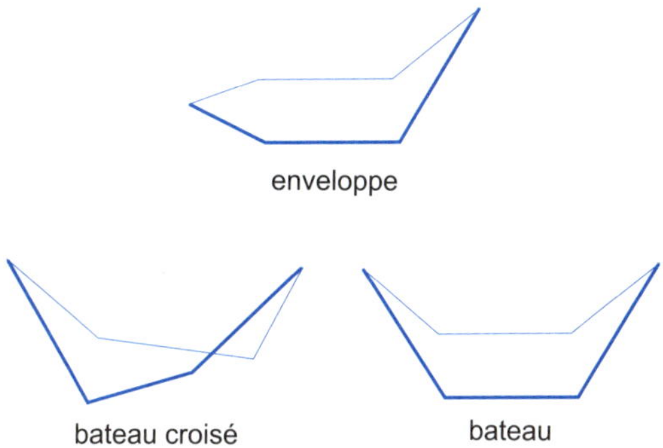

Énergie et conformations du cyclohexane

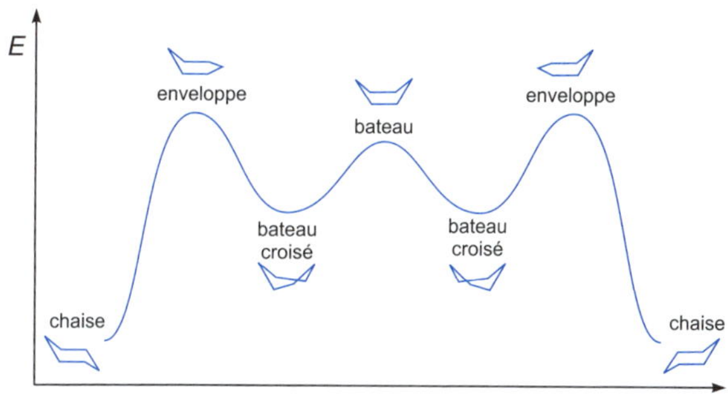

Configurations Z et E

Une double liaison carbone-carbone est une source d'existance de configurations différentes. Si les deux groupes de plus forte priorité (établis par ordre de masse molaire croissante) sont du même côté de la double liaison, la configuration est Z ; s'ils sont de part et d'autre de la double liaison, la configuration est E.

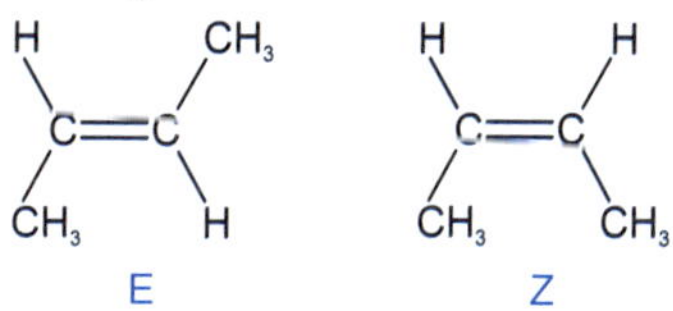

Carbone(s) asymétrique(s)

Un carbone est dit asymétrique s'il est trétragonal et qu'il porte quatre groupes différents. Si la molécule comporte n sources de chiralités (carbones asymétriques ou doubles lisaisons), il y a 2^n configurations de cette molécule, sauf s'il existe des symétries, dans ce cas, il y a des molécules méso.

Chiralité

Deux molécules sont dites chirales si elles sont leurs images réciproques dans un miroir et non supperposables.

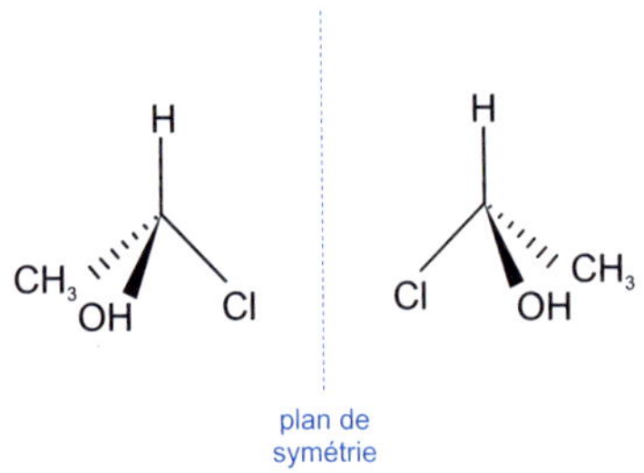

7.3 Les alcènes

A_E ioniques

1er acte : $R - CH = CH_2 + H^+ \rightarrow R- \overset{+}{C}H - CH_3$ (carbocation le plus stable)

2e acte : $R- \overset{+}{C}H - CH_3 + A^{\ominus} \rightarrow R - CH - CH_3A$

Dihalogénation

Formation d'un ion ponté halonium :

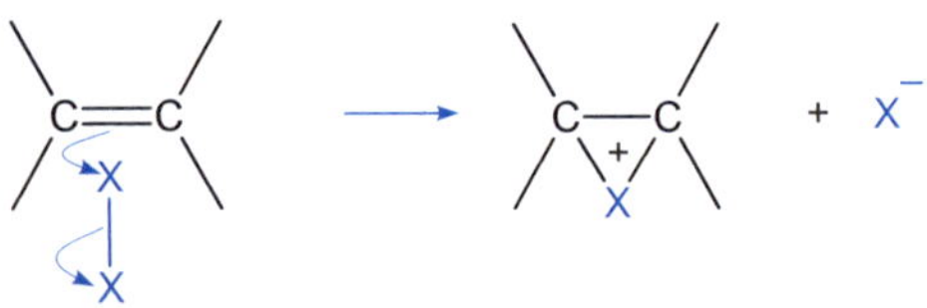

Puis, substitution du nucléophile en anti du pont :

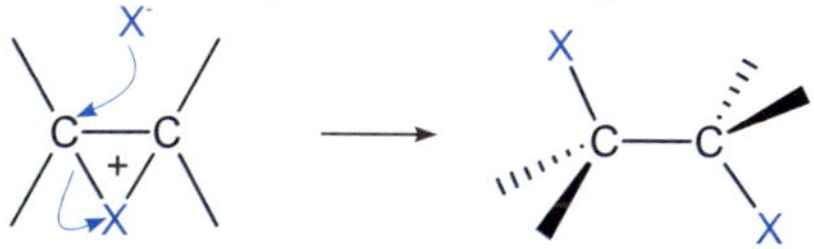

Addition électrophile radicalaire

Initiation : $R'OOR' \xrightarrow{\text{chauffage}} 2R'O^\bullet$
Transfert : $R'O^\bullet + HBr \longrightarrow R'OH + Br^\bullet$
Propagation (formation du carboradical le plus stable) :
$R - CH = CH_2 + Br^\bullet \longrightarrow R -^\bullet CH - CH_2Br$
$R -^\bullet CH - CH_2Br + HBr \longrightarrow R - CH_2 - CH_2BR + Br^\bullet$
Rupture :
$2Br^\bullet \xrightarrow{M} Br_2$

Réaction de Diels-Alder

Cette réaction se fait entre une diène et un diénophile :

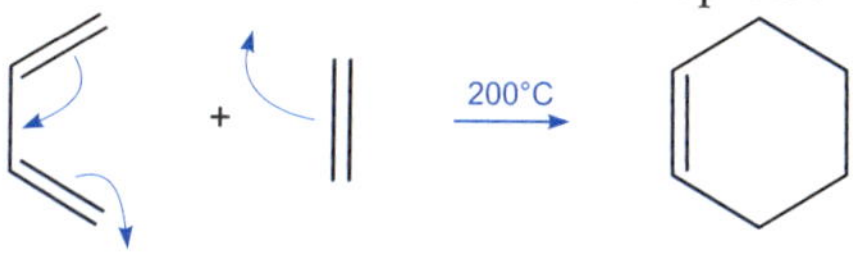

Hydrogénation

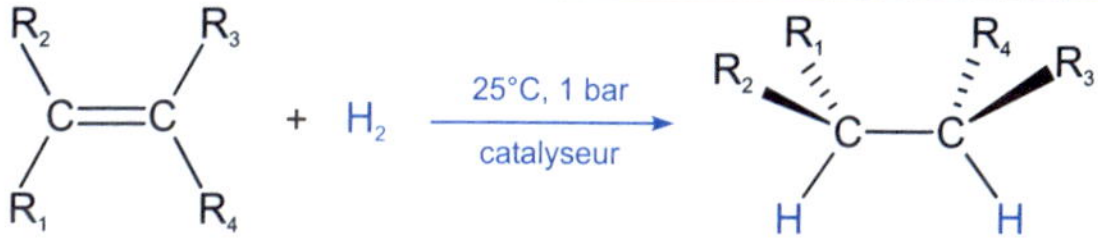

Hydroboration

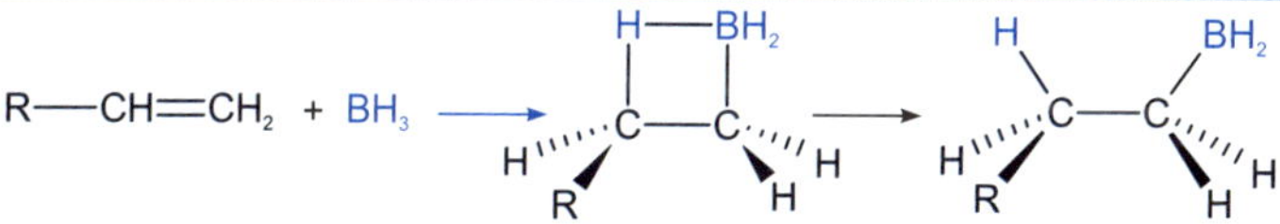

L'hydroboration est répétitive :

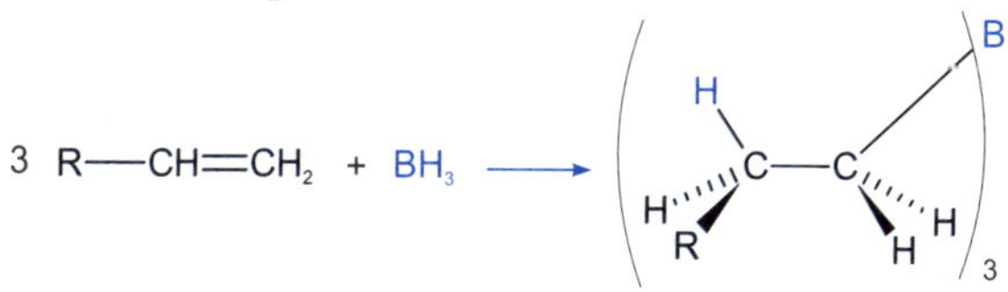

Le bilan de l'hydroboration-oxydation correspond à une hydratation anti-Markovnikov :

$$3\,R-CH=CH_2 \xrightarrow{BH_3} (R-CH_2-CH_2)_3-B$$

Puis :

$$(R-CH_2-CH_2)_3-B \xrightarrow{H_2O_2} 3\,R-CH_2-CH_2-OH$$

Époxydation

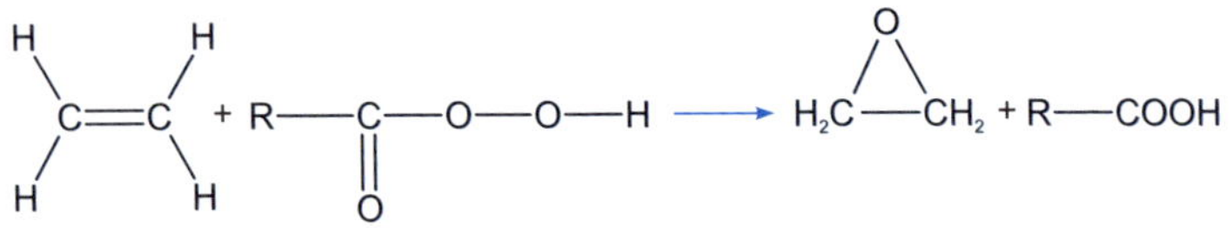

L'ouverture du cycle est ensuite réalisable par traitement par l'eau en catalyse acide ou basique :

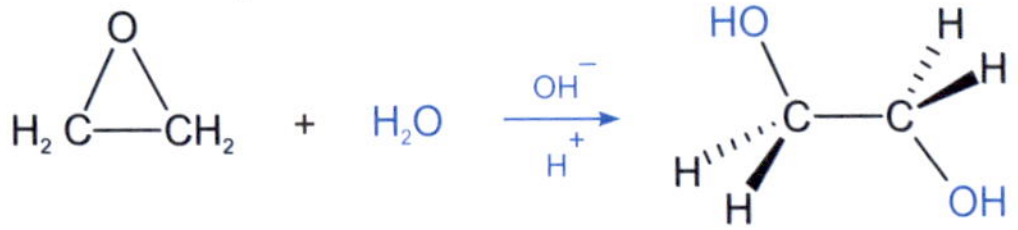

Syndihydroxylation

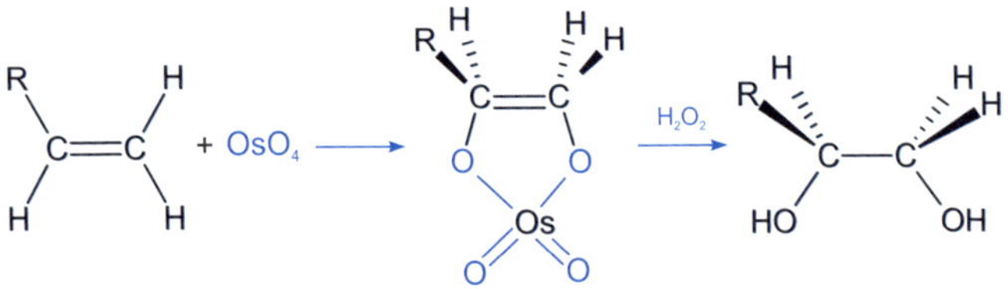

Ozonolyse

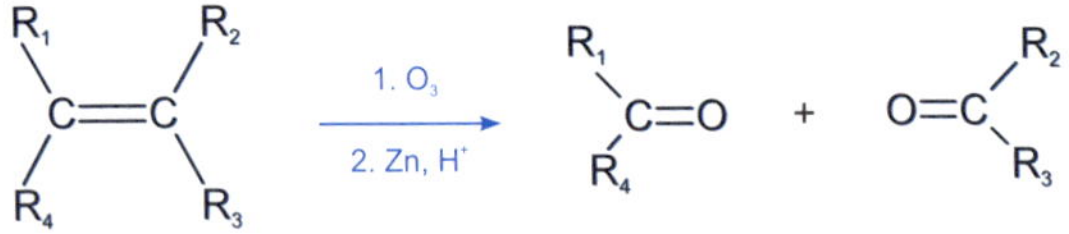

Réactions avec le permanganate

7.4 Hydrocarbures aromatiques

Halogénation

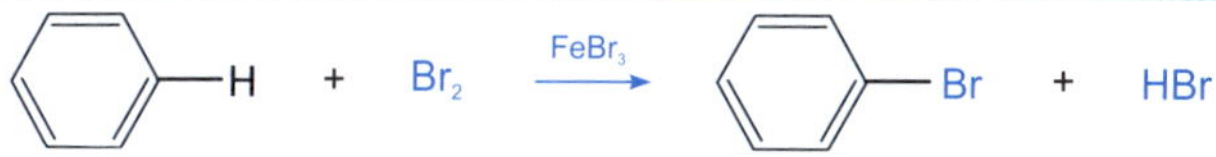

Nitration

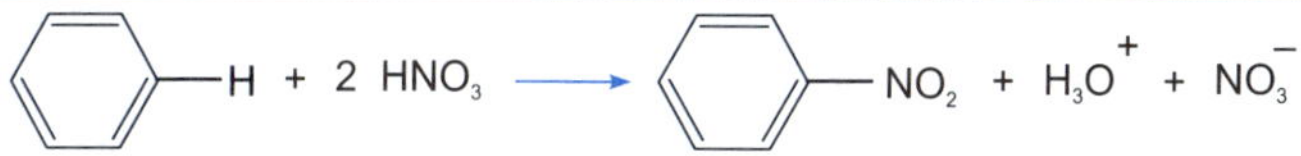

Formation de NO_2^+ :

$$2H_2SO_4 + HNO_3 \longrightarrow H_3O^+ + NO_2^+ + 2HSO_4^-$$

Sulfonation

Formation de SO_3 :

$$2H_2SO_4 \leftrightarrows HSO_4^- + H_3SO_4^+ \leftrightarrows HSO_4^- + SO_3 + H_3O^+$$

Alkylation de Friedel & Crafts

Acylation de Friedel & Crafts

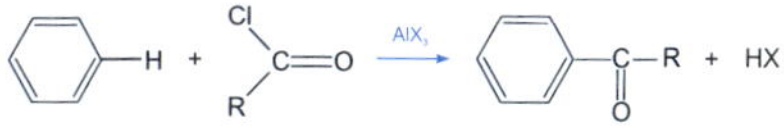

Polysubstitutions électrophiles (Règles de Holeman)

Effets	Orientation	Activant / désactivant
+I	ortho, para	activant fort
+I,+M	ortho, para	activant fort
$-I_{faible}$,+M	ortho, para	activant fort
-I	méta	désactivant
-I,-M	méta	désactivant fort
$-I_{fort}$,+M	ortho, para	désactivant

Halogénation (bis)

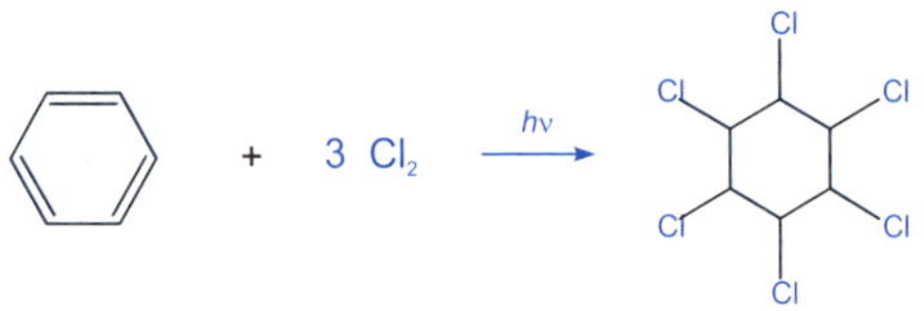

7.5 Amines

Alkylation de Hofmann

Substitution nucléophile de Hofmann :

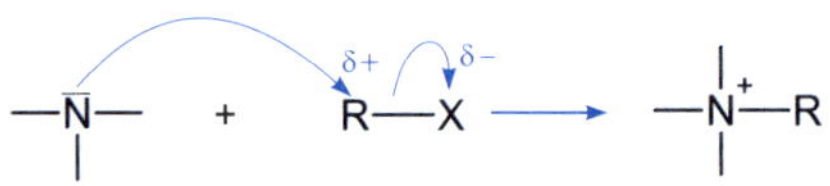

Élimination de Hofmann :

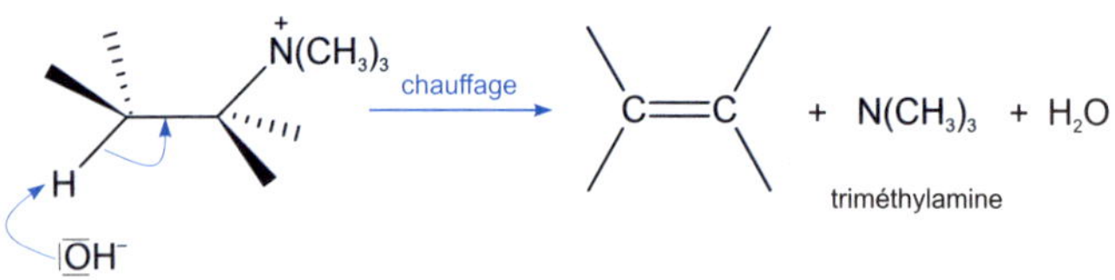

Acylation

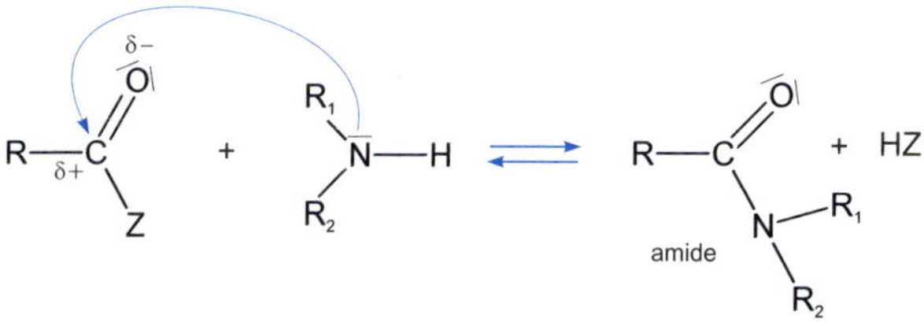

Diazotation

$$R{-}NH_2 + HO{-}NO \longrightarrow ROH + N_2\uparrow + H_2O$$

L'ion 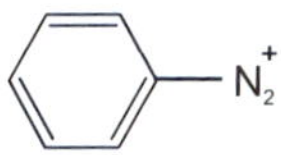 est néanmoins stabilisé par son noyeau électronique

Couplage diazoïque

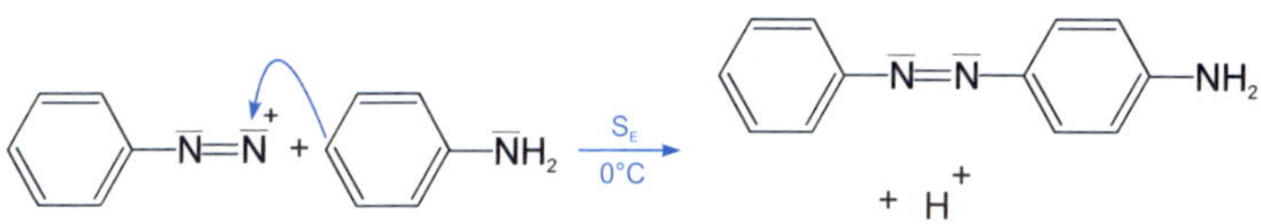

Les composés azoïques absorbent dans le visible et sont donc utilisés comme colorants.

Réaction de Sandmeyer

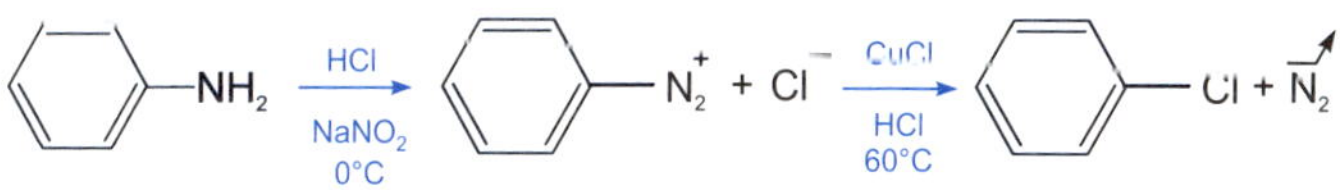

7.6 Groupe carbonyle

Addition nucléophile

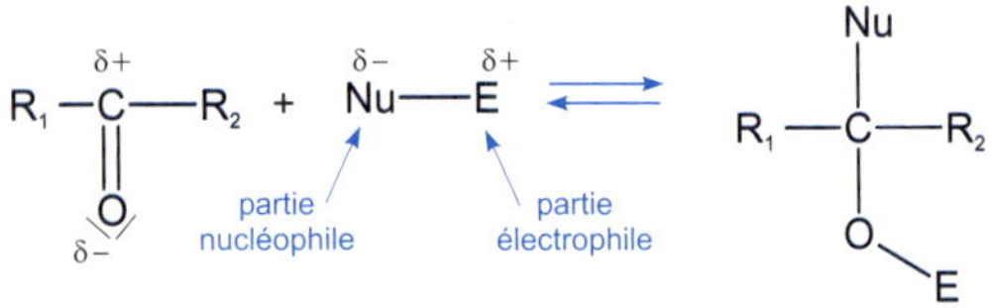

Cétalisation – Acétalisation

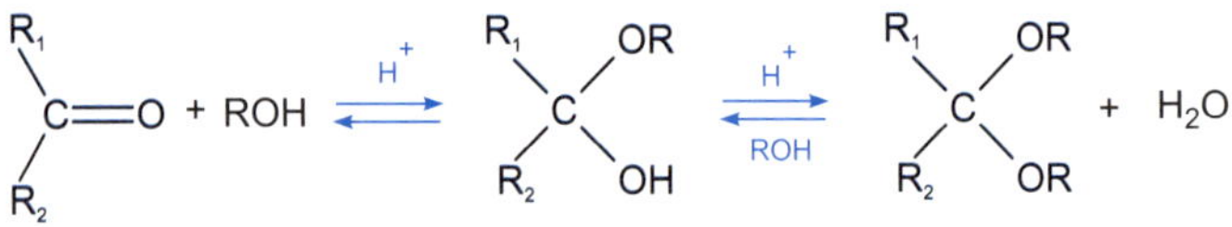

aldéhyde cétone | hémiacétal hémicétal | acétal cétal

Réaction avec les hydrures (A_N)

Avec $LiAlH_4$:

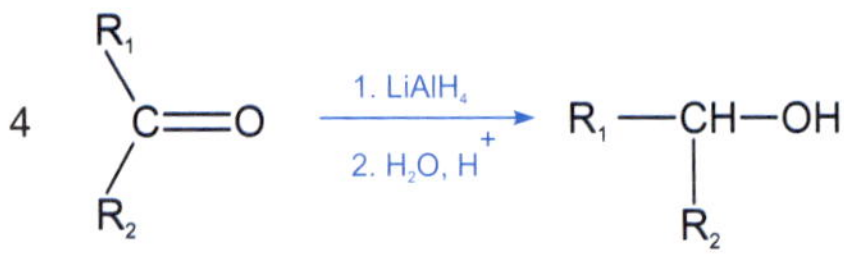

Avec $NaBH_4$:

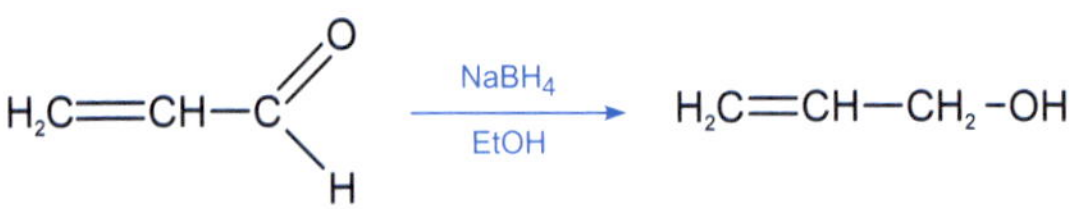

Réaction avec les organomagnésiens

Elles visent à allonger les chaînes carbonées.

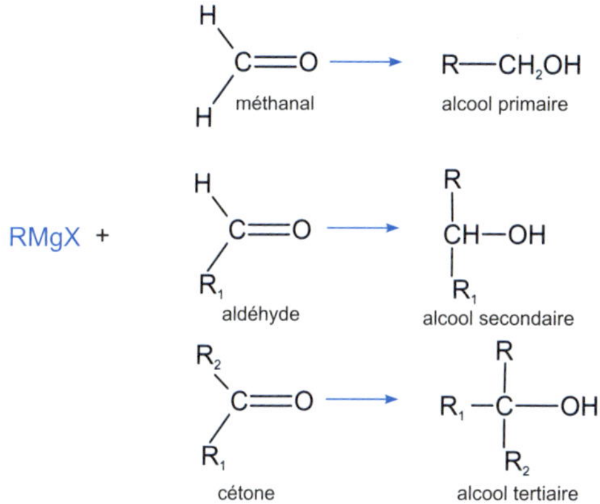

Équilibre céto-énolique

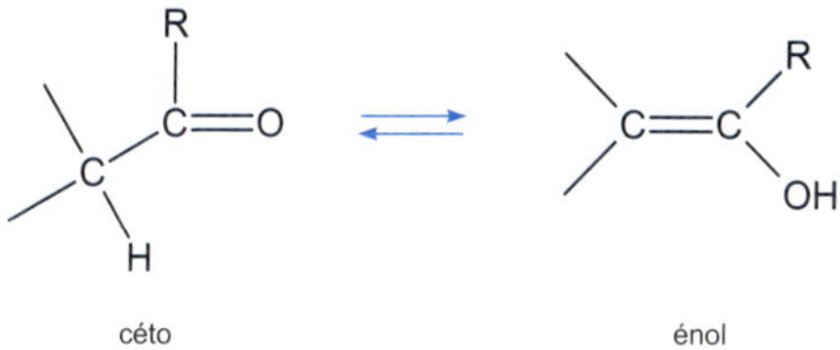

Réactivité de l'ion énolate

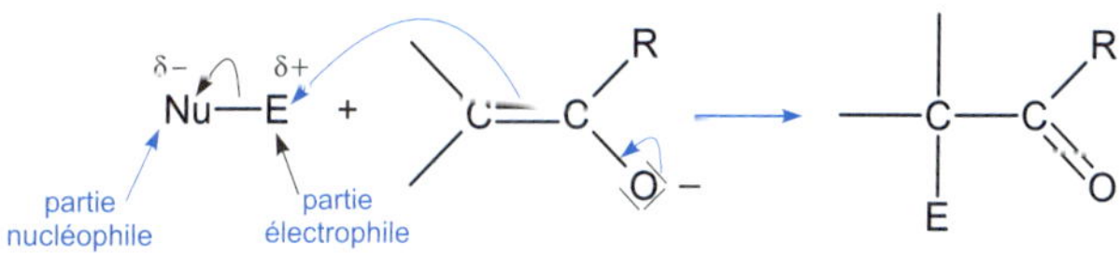

Aldolisation – Cétolisation – Crotonisation

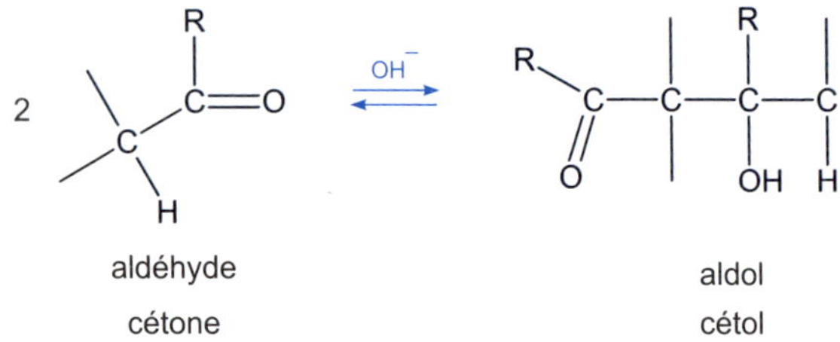

Crotonisation :

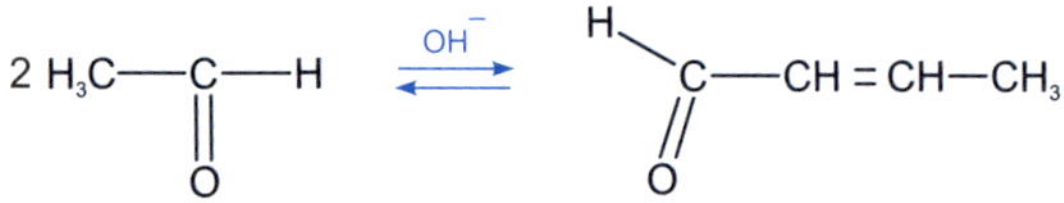

C-alkylation – O-alkylation

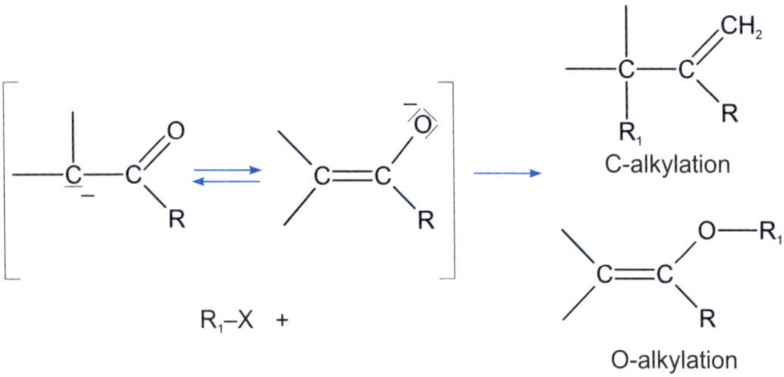

Réaction de Wittig

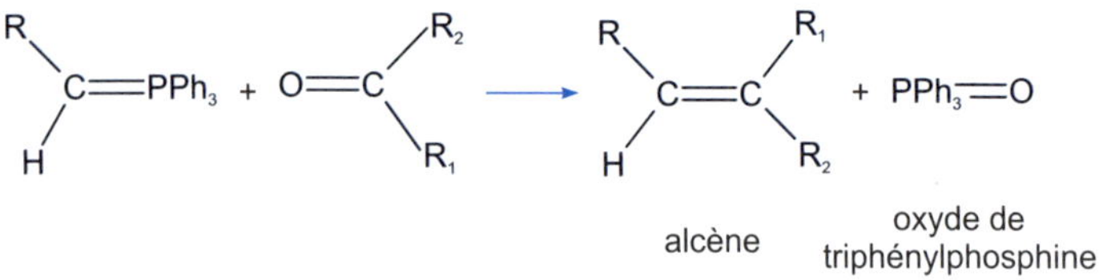

Organomagnésiens

Addition 1,2 :

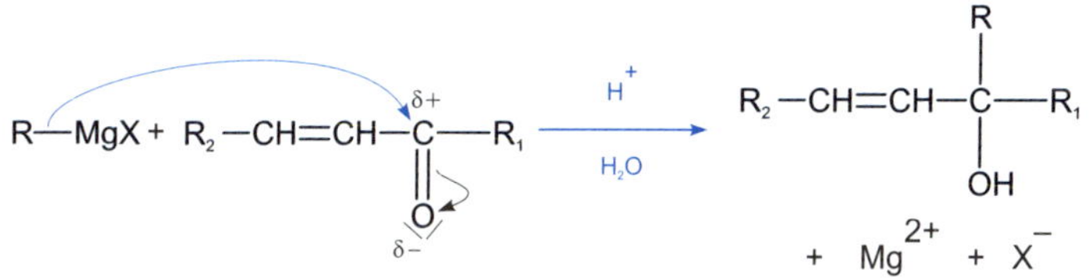

Addiation 1,4 :

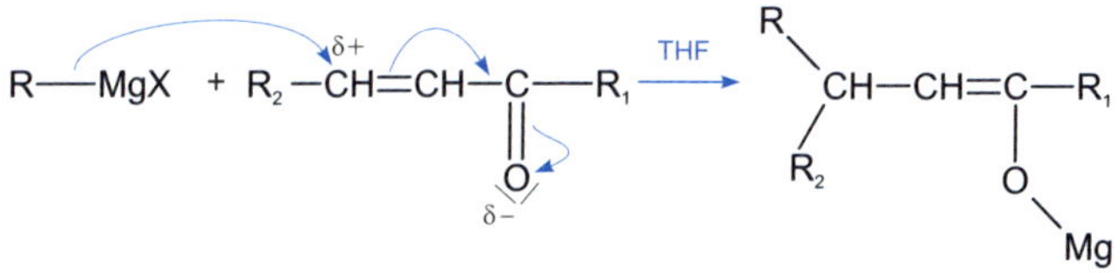

Par hydrolyse acide, on obtient un énol qui se tautomérise en cétone :

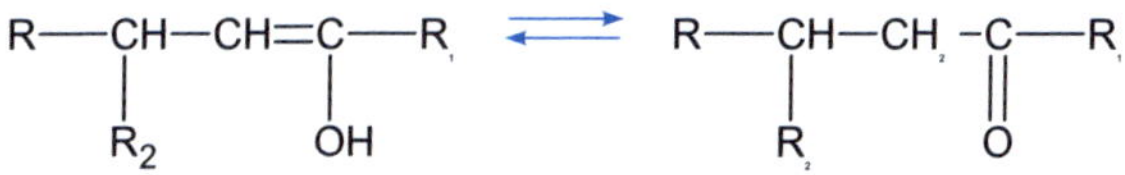

Organolithiens

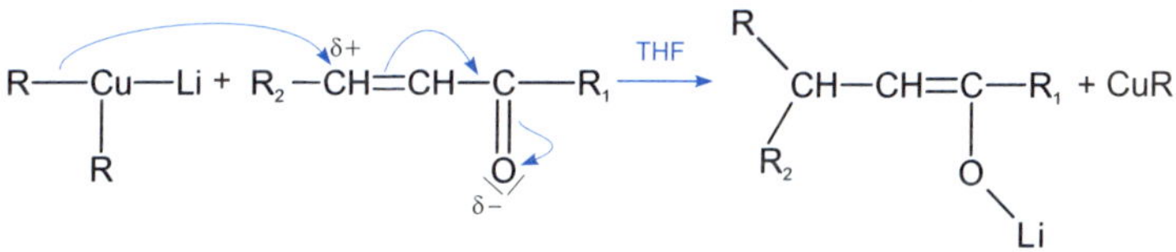

Organocuprates

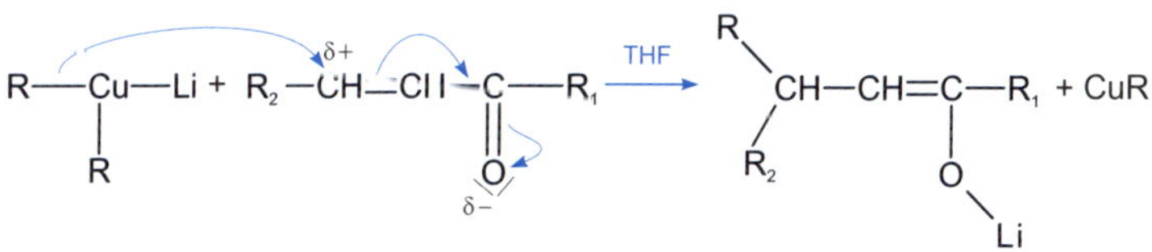

Il se produit uniquement une addition en 1,4. L'hydrolyse conduit à un énol qui se tautomérise en carbonyle :

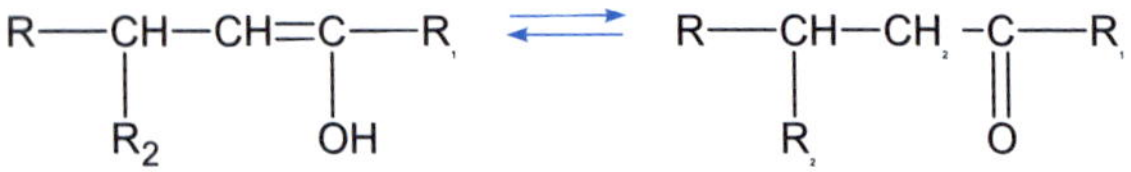

7.7 *Acides carboxyliques*

Synthèse directe des esters

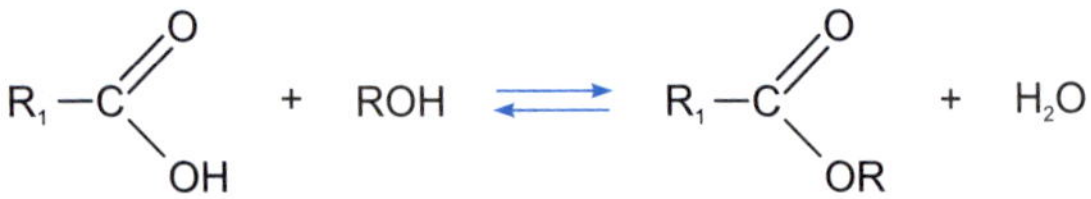

Chlorure d'acyles

Anhydride d'acide

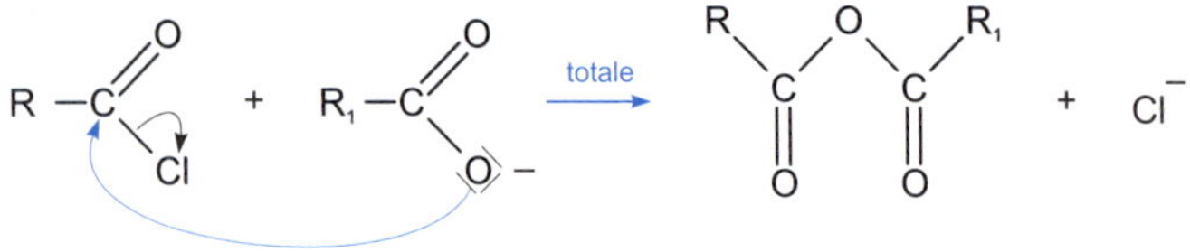

Passage des anhydrides aux esters

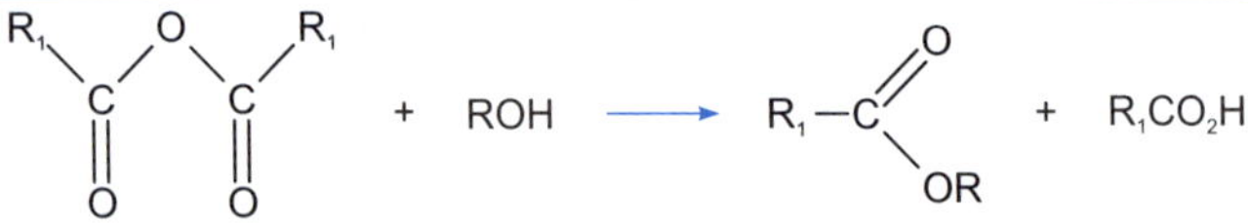

Hydrolyse des fonctions dérivées

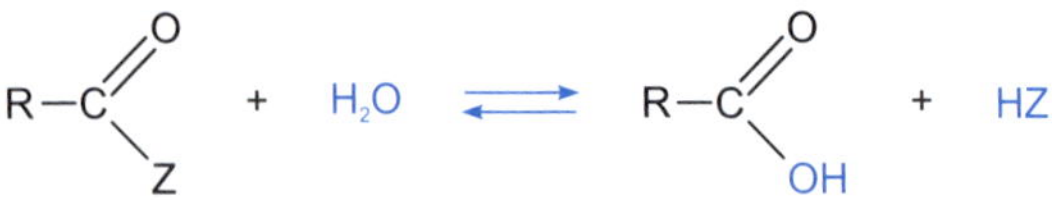

On a en particulier pour les esters la réaction de saponification :

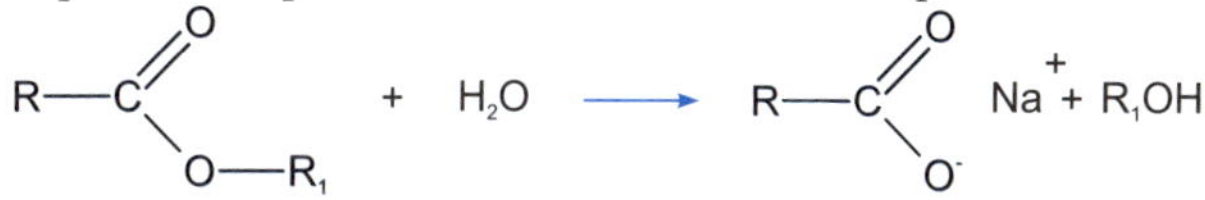

Synthèse malonique

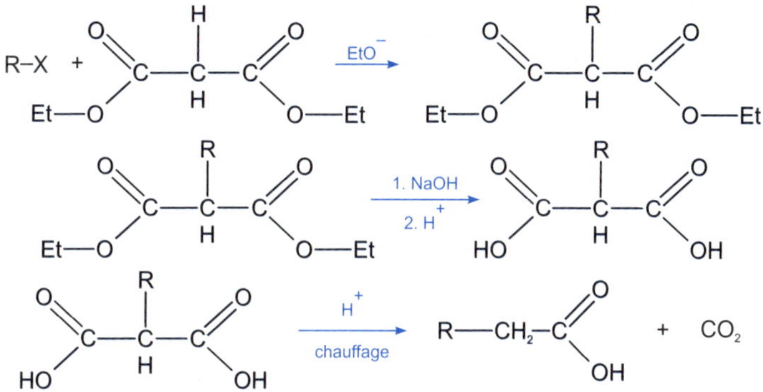

Réduction par $LiAlH_4$

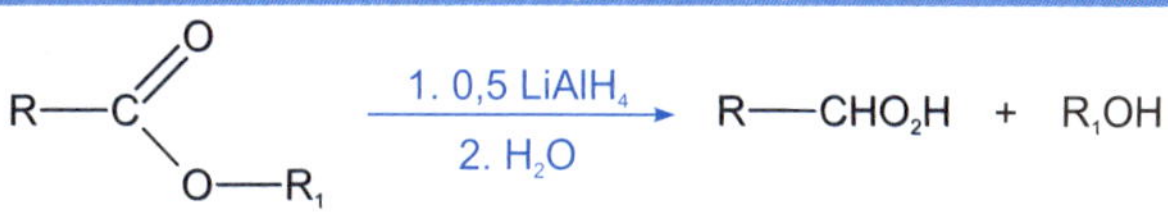

7.8 Spectroscopie infrarouge

Liaison	Type de composé	Fréquence	Intensité
C-H	alcanes	2850-2960	forte
=C-H	alcènes	3010–3100	moyenne
≡C-H	alcynes	3300	forte
C-C	alcanes	600–1500	faible
C=C	alcènes	1620–1680	très variable
C≡C	alcynes	2100–2260	variable
C≡N	nitriles	2200–2300	variable
C-O	alcools, éthers-oxydes, acides carboxyliques, esters	1000–1300	forte
C=O	aldéhydes	1720–1740	forte
C=O	cétones	1705–1725	forte
C=O	acides carboxyliques	1700–1725	forte
C=O	esters	1735–1750	variable
O-H	alcools libres	3590–3650	variable,aigüe

7.9 Spectroscopie RMN (Résonnance Magnétique Nucléaire)

Sur la table suivant figure les déplacements accompagnés des principales espèces chimiques qui conduisent à ces déplacements.

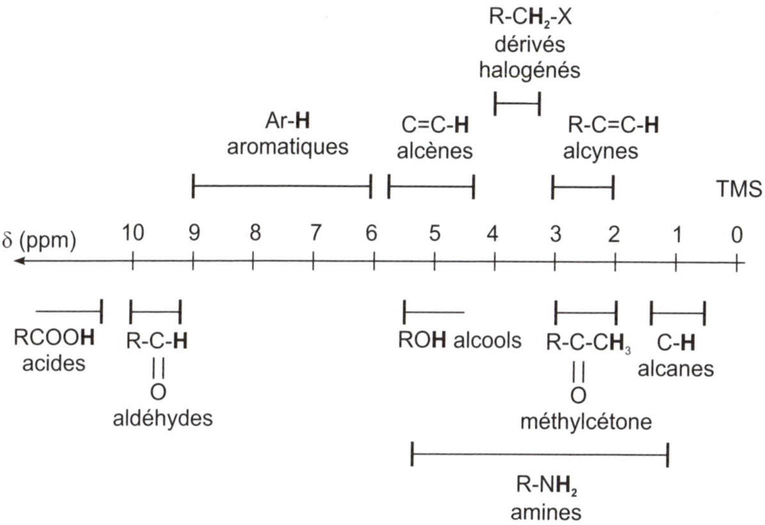

Annexe A

Primitives usuelles

Primitive	Intervalle
$\int \frac{dt}{t} = \ln\lvert t\rvert + k$	$\mathbb{R}^*$
$\int \cos t \, dt = \sin t + k$	$\mathbb{R}$
$\int \frac{dt}{\cos^2 t} = \tan t + k$	$\mathbb{R} \setminus \left\{\frac{\pi}{2} + k\pi\right\}$ $k \in \mathbb{Z}$
$\int \frac{dt}{\cos t} = \ln\left\lvert\tan\left(\frac{t}{2} + \frac{\pi}{4}\right)\right\rvert + k$	$\mathbb{R} \setminus \left\{\frac{\pi}{2} + k\pi\right\}$ $k \in \mathbb{Z}$
$\int \tan t \, dt = -\ln\lvert\cos t\rvert + k$	$\mathbb{R} \setminus \left\{\frac{\pi}{2} + k\pi\right\}$ $k \in \mathbb{Z}$
$\int \operatorname{ch} t \, dt = \operatorname{sh} t + k$	$\mathbb{R}$
$\int \frac{dt}{\operatorname{ch}^2 t} = \operatorname{th} t + k$	$\mathbb{R}$
$\int \frac{dt}{\operatorname{ch} t} = 2 \operatorname{Arctan} e^t + k$	$\mathbb{R}$
$\int \operatorname{th} t \, dt = \ln \operatorname{ch} t + k$	$\mathbb{R}$
$\int e^{mt} \, dt = \frac{1}{m} e^{mt} + k, (m \in \mathbb{C}^*)$	$\mathbb{R}$
$\int t^\alpha \, dt = \frac{t^{\alpha+1}}{\alpha+1} + k, (\alpha \in \mathbb{R} - \{-1\})$	$\mathbb{R}$
$\int \sin t \, dt = -\cos t + k$	$\mathbb{R}$

$\int \frac{\mathrm{d}t}{\sin^2 t} = -\cot t + k$	$\mathbb{R} \setminus \{k\pi\}\ k \in \mathbb{Z}$
$\int \frac{\mathrm{d}t}{\sin t} = \ln \left\| \tan \frac{t}{2} \right\| + k$	$\mathbb{R} \setminus \{k\pi\}\ k \in \mathbb{Z}$
$\int \cot t \,\mathrm{d}t = \ln \|\sin t\| + k$	$\mathbb{R} \setminus \{k\pi\}\ k \in \mathbb{Z}$
$\int \operatorname{sh} t \,\mathrm{d}t = \operatorname{ch} t + k$	$\mathbb{R}$
$\int \frac{\mathrm{d}t}{\operatorname{sh}^2 t} = -\coth t + k$	$\mathbb{R}^*$
$\int \frac{\mathrm{d}t}{\operatorname{sh} t} = \ln \left\| \operatorname{th} \frac{t}{2} \right\| + k$	$\mathbb{R}^*$
$\int \coth t \,\mathrm{d}t = \ln \|\operatorname{sh} t\| + k$	$\mathbb{R}$
$\int a^t \,\mathrm{d}t = \frac{a^t}{\ln a} + k, (a \in \mathbb{R}_+^* - \{1\})$	$\mathbb{R}$

Dans la suite on suppose : $a \in \mathbb{R}^*$

$\int \frac{\mathrm{d}t}{t^2 + a^2} = \frac{1}{a} \operatorname{Arctan} \frac{t}{a} + k$	$\mathbb{R}$
$\int \frac{\mathrm{d}t}{\sqrt{a^2 - t^2}} = \begin{cases} \operatorname{Arcsin} \frac{t}{\|a\|} + k \\ -\operatorname{Arccos} \frac{t}{\|a\|} + k \end{cases}$	$]-a, a[$
$\int \frac{\mathrm{d}t}{\sqrt{t^2 + a^2}} = \begin{cases} \operatorname{Argsh} \frac{t}{\|a\|} + k \\ \ln \left(t + \sqrt{t^2 + a^2} \right) + k \end{cases}$	$\mathbb{R}$
$\int \frac{\mathrm{d}t}{\sqrt{t^2 - a^2}} = \begin{cases} \begin{cases} \operatorname{Argch} \frac{t}{\|a\|} + k \\ \ln \left(t + \sqrt{t^2 - a^2} \right) + k \end{cases} \\ \begin{cases} -\operatorname{Argch} \left\| \frac{t}{a} \right\| + k \\ \ln \left\| t + \sqrt{t^2 - a^2} \right\| + k \end{cases} \end{cases}$	$]\|a\|, +\infty[$ $]-\infty, \|a\|[$
$\int \frac{\mathrm{d}t}{\sqrt{t^2 + b}} = \ln \left\| t + \sqrt{t^2 + b} \right\| + k, (b \in \mathbb{R}^*)$	$\mathbb{R}\ [-b, b]$
$\int \frac{\mathrm{d}t}{t^2 - a^2} = \begin{cases} \operatorname{Argth} t + k \\ \frac{1}{2a} \ln \left(\frac{t - a}{t + a} \right) + k \end{cases}$	

Annexe **B**

Développements limités

Principaux développements limités

$$\frac{1}{1-x} = 1 + x + x^2 + x^3 + \cdots + x^n + o(x^n)$$

$$(1+x)^\alpha = 1 + \alpha x + \frac{\alpha(\alpha-1)}{2!}x^2 + \cdots + \frac{\alpha(\alpha-1)\cdots(\alpha-n+1)}{n!}x^n + \underset{x\to a}{o}(x^n)$$

$$\sqrt{1+x} = 1 + \frac{1}{2}x - \frac{1}{2\cdot 4}x^2 + \cdots + (-1)^{n-1}\frac{1\cdot 3\cdot 5\cdots(2n-3)}{2\cdot 4\cdot 6\cdots 2n}x^n + o(x^n)$$

$$\frac{1}{\sqrt{1+x}} = 1 - \frac{1}{2}x + \frac{1\cdot 3}{2\cdot 4}x^2 + \cdots + (-1)^n\frac{1\cdot 3\cdot 5\cdots(2n-1)}{2\cdot 4\cdot 6\cdots 2n}x^n + o(x^n)$$

$$\ln(1+x) = x - \frac{x^2}{2} + \frac{x^3}{3} - \frac{x^4}{4} + \cdots + (-1)^{n+1}\frac{x^n}{n} + o(x^n)$$

$$\ln(1-x) = -x - \frac{x^2}{2} - \frac{x^3}{3} - \frac{x^4}{4} - \cdots - \frac{x^n}{n} + o(x^n)$$

$$\ln(a+x) = \ln a + \frac{x}{a} - \frac{x^2}{2a^2} + \frac{x^3}{3a^3} + \cdots + (-1)^{n+1}\frac{x^n}{a^n} + o(x^n)$$

$$e^x = 1 + x + \frac{x^2}{2!} + \frac{x^3}{3!} + \cdots + \frac{x^n}{n!} + o(x^n)$$

$$\cos x = 1 - \frac{x^2}{2!} + \frac{x^4}{4!} - \frac{x^6}{6!} + \cdots + (-1)^n \frac{x^{2n}}{(2n)!} + o(x^{2n+1})$$

$$\operatorname{ch} x = 1 + \frac{x^2}{2!} + \frac{x^4}{4!} + \frac{x^6}{6!} + \cdots + \frac{x^{2n}}{(2n)!} + o(x^{2n+1})$$

$$\sin x = x - \frac{x^3}{3!} + \frac{x^5}{5!} - \frac{x^7}{7!} + \cdots + (-1)^n \frac{x^{2n+1}}{(2n+1)!} + o(x^{2n+2})$$

$$\operatorname{sh} x = x + \frac{x^3}{3!} + \frac{x^5}{5!} + \frac{x^7}{7!} + \cdots + \frac{x^{2n+1}}{(2n+1)!} + o(x^{2n+2})$$

$$\tan x = x + \frac{x^3}{3} + \frac{2}{15}x^5 + \frac{17}{315}x^7 + o(x^7)$$

$$\operatorname{th} x = x - \frac{x^3}{3} + \frac{2}{15}x^5 - \frac{17}{315}x^7 + o(x^7)$$

$$\operatorname{Arccos} x = \frac{\pi}{2} - x - \frac{1}{2}\frac{x^3}{3} - \cdots - \frac{1 \cdot 3 \cdot 5 \cdots (2n-1)}{2 \cdot 4 \cdot 6 \cdots 2n} \frac{x^{2n+1}}{2n+1} + o(x^{2n+2})$$

$$\operatorname{Arcsin} x = x + \frac{1}{2}\frac{x^3}{3} + \cdots + \frac{1 \cdot 3 \cdot 5 \cdots (2n-1)}{2 \cdot 4 \cdot 6 \cdots 2n} \frac{x^{2n+1}}{2n+1} + o(x^{2n+2})$$

$$\operatorname{Arctan} x = x - \frac{x^3}{3} + \frac{x^5}{5} - \frac{x^7}{7} + \cdots + (-1)^n \frac{x^{2n+1}}{(2n+1)} + o(x^{2n+2})$$

Argch x n'est pas défini au voisinage de 0 et n'admet pas de développement limité au voisinage de 1 (tangente verticale).

$$\operatorname{Argsh} = x - \frac{1}{2}\frac{x^3}{3} + \frac{1 \cdot 3}{2 \cdot 4}\frac{x^5}{5} + \cdots + (-1)^n \frac{1 \cdot 3 \cdot 5 \cdots (2n-1)}{2 \cdot 4 \cdot 6 \cdots 2n} \frac{x^{2n+1}}{2n+1} + o(x^{2n+2})$$

$$\operatorname{Argth} x = x + \frac{x^3}{3} + \frac{x^5}{5} + \cdots + \frac{x^{2n+1}}{(2n+1)} + o(x^{2n+2})$$

Annexe C

Formules trigonométriques

1. Angles remarquables

	0	$\frac{\pi}{6}$	$\frac{\pi}{4}$	$\frac{\pi}{3}$	$\frac{\pi}{2}$	π
sin	0	$\frac{1}{2}$	$\frac{\sqrt{2}}{2}$	$\frac{\sqrt{3}}{2}$	1	0
cos	1	$\frac{\sqrt{3}}{2}$	$\frac{\sqrt{2}}{2}$	$\frac{1}{2}$	0	-1
tan	0	$\frac{\sqrt{3}}{3}$	1	$\sqrt{3}$		0

2. Relations trigonométriques

Relations entre les rapports trigonométriques d'un même arc

$$\cos^2 a + \sin^2 a = 1$$

$$\tan a = \frac{\sin a}{\cos a} \qquad \cot a = \frac{\cos a}{\sin a}$$

$$1 + \tan^2 a = \frac{1}{\cos^2 a} \qquad 1 + \cot^2 a = \frac{1}{\sin^2 a}$$

$$\cos^2 a = \frac{1}{1 + \tan^2 a} \qquad \sin^2 a = \frac{1}{1 + \cot^2 a}$$

Formules d'addition

$$\cos(a+b) = \cos a \cos b - \sin a \sin b$$
$$\cos(a-b) = \cos a \cos b + \sin a \sin b$$
$$\sin(a+b) = \sin a \cos b + \cos a \sin b$$
$$\sin(a-b) = \sin a \cos b - \cos a \sin b$$
$$\tan(a+b) = \frac{\tan a + \tan b}{1 - \tan a \tan b}$$
$$\tan(a-b) = \frac{\tan a - \tan b}{1 + \tan a \tan b}$$

Formules de duplication

$$\cos(2a) = \begin{cases} \cos^2 a - \sin^2 a \\ 2\cos^2 a - 1 \\ 1 - 2\sin^2 a \end{cases} \qquad \tan(2a) = \frac{2\tan a}{1 - \tan^2 a}$$

$$\sin(2a) = 2 \sin a \cos a$$

Expression de $\cos a, \sin a, \tan a$, en fonction de $\tan a/2$

$$\cos a = \frac{1 - \tan^2 \frac{a}{2}}{1 + \tan^2 \frac{a}{2}} \qquad \tan a = \frac{2\tan \frac{a}{2}}{1 - \tan^2 \frac{a}{2}}$$

$$\sin a = \frac{2\tan \frac{a}{2}}{1 + \tan^2 \frac{a}{2}}$$

Transformations de produits en sommes

$$\cos a \cos b = \frac{1}{2}\left(\cos(a-b) + \cos(a+b)\right)$$
$$\sin a \sin b = \frac{1}{2}\left(\cos(a-b) - \cos(a+b)\right)$$
$$\sin a \cos b = \frac{1}{2}\left(\sin(a+b) + \sin(a-b)\right)$$

$$\sin b \cos a = \frac{1}{2}\left(\sin(a+b) - \sin(a-b)\right)$$

$$\cos^2 a = \frac{1+\cos(2a)}{2} \qquad \sin^2 a = \frac{1-\cos(2a)}{2}$$

Transformation des sommes en produits

$$\cos p + \cos q = 2\cos\frac{p+q}{2}\cos\frac{p-q}{2}$$
$$\cos p - \cos q = -2\sin\frac{p+q}{2}\sin\frac{p-q}{2}$$
$$\sin p + \sin q = 2\sin\frac{p+q}{2}\cos\frac{p-q}{2}$$
$$\sin p - \sin q = 2\sin\frac{p-q}{2}\cos\frac{p+q}{2}$$
$$1+\cos a = 2\cos^2\frac{a}{2}$$
$$1-\cos a = 2\sin^2\frac{a}{2}$$

Arcs associés

$\cos(-a) = \cos a$	$\sin(-a) = -\sin a$
$\cos(\pi+a) = -\cos a$	$\sin(\pi+a) = -\sin a$
$\cos(\pi-a) = -\cos a$	$\sin(\pi-a) = \sin a$
$\cos\left(\frac{\pi}{2}-a\right) = \sin a$	$\sin\left(\frac{\pi}{2}-a\right) = \cos a$
$\cos\left(\frac{\pi}{2}+a\right) = -\sin a$	$\sin\left(\frac{\pi}{2}+a\right) = \cos a$
$\tan(\pi+a) = \tan a$	$\cot(\pi+a) = \cot a$
$\tan\left(\frac{\pi}{2}-a\right) = \cot a$	$\cot\left(\frac{\pi}{2}-a\right) = \tan a$
$\tan\left(\frac{\pi}{2}+a\right) = -\cot a$	$\cot\left(\frac{\pi}{2}+a\right) = -\tan a$

Fonctions circulaires réciproques

$$\operatorname{Arctan} x + \operatorname{Arctan}\frac{1}{x} = \frac{\pi}{2}\operatorname{sgn} x$$

$\forall (a,b) \in \mathbb{R}^2$:

$$\operatorname{Arctan} a + \operatorname{Arctan} b = \begin{cases} \operatorname{Arctan}\dfrac{a+b}{1-ab} & \text{si } ab < 1 \\ \dfrac{\pi}{2}\operatorname{sgn} a & \text{si } ab = 1 \\ \operatorname{Arctan}\dfrac{a+b}{1-ab} + \pi \operatorname{sgn} a & \text{si } ab > 1 \end{cases}$$

$$\operatorname{Arctan} x + \operatorname{Arctan} \frac{1}{x} = \frac{\pi}{2} \operatorname{sgn} x$$

Trigonométrie hyperbolique

$$\operatorname{sh} x = \frac{e^x - e^{-x}}{2}$$

$$\operatorname{ch} x = \frac{e^x + e^{-x}}{2}$$

$$\operatorname{ch}(a+b) = \operatorname{ch} a \operatorname{ch} b + \operatorname{sh} a \operatorname{sh} b$$

$$\operatorname{sh}(a+b) = \operatorname{sh} a \operatorname{ch} b + \operatorname{ch} a \operatorname{sh} b$$

$$\operatorname{ch}(a-b) = \operatorname{ch} a \operatorname{ch} b - \operatorname{sh} a \operatorname{sh} b$$

$$\operatorname{sh}(a-b) = \operatorname{sh} a \operatorname{ch} b - \operatorname{ch} a \operatorname{sh} b$$

$$\operatorname{th}(a+b) = \frac{\operatorname{th} a + \operatorname{th} b}{1 + \operatorname{th} a \operatorname{th} b}$$

$$\operatorname{th}(a-b) = \frac{\operatorname{th} a + \operatorname{th} b}{1 - \operatorname{th} a \operatorname{th} b}$$

$$\operatorname{ch} 2a = \begin{cases} \operatorname{ch}^2 a + \operatorname{sh}^2 a \\ 2\operatorname{ch}^2 a - 1 \\ 1 + 2\operatorname{sh}^2 a \end{cases}$$

$$\operatorname{sh} 2a = 2 \operatorname{sh} a \operatorname{ch} a$$

$$\operatorname{ch}^2 x - \operatorname{sh}^2 x = 1$$

$$\operatorname{th} 2a = \frac{2 \operatorname{th} a}{1 + \operatorname{th}^2 a}$$

$$\operatorname{ch} p + \operatorname{ch} q = 2 \cosh \frac{p+q}{2} \operatorname{ch} \frac{p-q}{2}$$

$$\operatorname{ch} p - \operatorname{ch} q = 2 \operatorname{sh} \frac{p+q}{2} \operatorname{sh} \frac{p-q}{2}$$

$$\operatorname{sh} p + \operatorname{sh} q = 2 \operatorname{sh} \frac{p+q}{2} \operatorname{ch} \frac{p-q}{2}$$

$$\operatorname{sh} p - \operatorname{sh} q = 2 \cosh \frac{p+q}{2} \operatorname{sh} \frac{p-q}{2}$$

Annexe D

Opérateurs vectoriels

Cette annexe sert essentiellement en physique mais elle peut trouver son utilité en chimie (par exemple l'Hamiltonien comporte un laplacien) ou en maths (notamment dans le cadre du chapitre des fonctions de plusieurs variables).

1. Notations

Opérateur Nabla

On utilise très souvent l'opérateur « Nabla » : $\begin{pmatrix} \dfrac{\partial}{\partial x} \\ \dfrac{\partial}{\partial y} \\ \dfrac{\partial}{\partial z} \end{pmatrix}$

Champs utilisés par la suite

Dans la suite, on considère un champ vectoriel :

$$\mathbf{A}(M) = \begin{pmatrix} A_x(x, y, z) \\ A_y(x, y, z) \\ A_z(x, y, z) \end{pmatrix} \begin{matrix} \mathbf{i} \\ \mathbf{j} \\ \mathbf{k} \end{matrix}$$

On considérera également un champs vectoriel **B** et le champs scalaire $V(x, y, z)$

2. Gradient

Coordonnées cartésiennes

$$\mathbf{grad}V = \nabla V = \begin{pmatrix} \frac{\partial V}{\partial x}(x, y, z) \\ \frac{\partial V}{\partial y}(x, y, z) \\ \frac{\partial V}{\partial z}(x, y, z) \end{pmatrix}$$

Coordonnées cylindriques

$$\mathbf{grad}V = \nabla V = \begin{pmatrix} \frac{\partial V}{\partial r} \\ \frac{1}{r}\frac{\partial V}{\partial \theta} \\ \frac{\partial V}{\partial z} \end{pmatrix} \begin{matrix} \mathbf{u}_r \\ \mathbf{u}_\theta \\ \mathbf{u}_z \end{matrix}$$

Coordonnées sphériques

$$\mathbf{grad}V = \begin{pmatrix} \frac{\partial V}{\partial r} \\ \frac{1}{r}\frac{\partial V}{\partial \theta} \\ \frac{1}{r\sin\theta}\frac{\partial V}{\partial \varphi} \end{pmatrix} \begin{matrix} \mathbf{u}_r \\ \mathbf{u}_\theta \\ \mathbf{u}_\varphi \end{matrix}$$

3. Divergence

Coordonnées cartésiennes

$$\operatorname{div} \mathbf{A} = \frac{\partial A_x}{\partial x} + \frac{\partial A_y}{\partial y} + \frac{\partial A_z}{\partial z} = \boldsymbol{\nabla}.\mathbf{A}$$

Coordonnées cylindriques

$$\operatorname{div} \mathbf{A} = \frac{1}{r}\frac{\partial}{\partial r}(r \cdot A_r) + \frac{1}{r}\frac{\partial A_\theta}{\partial \theta} + \frac{\partial A_z}{\partial z}$$

Coordonnées sphériques

$$\operatorname{div} \mathbf{A} = \frac{1}{r^2}\frac{\partial}{\partial r}(r^2 \cdot A_r) + \frac{1}{r\sin\theta}\frac{\partial}{\partial \theta}(\sin\theta A_\theta) + \frac{1}{r\sin\theta}\frac{\partial A_\varphi}{\partial \varphi}$$

4. Rotationnel

Coordonnées cartésiennes

$$\mathbf{rot}\ \mathbf{A} = \boldsymbol{\nabla} \wedge \mathbf{A} = \begin{pmatrix} \dfrac{\partial}{\partial x} \\ \dfrac{\partial}{\partial y} \\ \dfrac{\partial}{\partial z} \end{pmatrix} \wedge \begin{pmatrix} A_x \\ A_y \\ A_z \end{pmatrix} = \begin{pmatrix} \dfrac{\partial A_z}{\partial y} - \dfrac{\partial A_y}{\partial z} \\ \dfrac{\partial A_x}{\partial z} - \dfrac{\partial A_z}{\partial x} \\ \dfrac{\partial A_y}{\partial x} - \dfrac{\partial A_x}{\partial y} \end{pmatrix}$$

Coordonnées cylindriques

$$\mathbf{rot\ A} = \begin{pmatrix} \dfrac{1}{r}\dfrac{\partial A_z}{\partial \theta} - \dfrac{\partial A_\theta}{\partial z} \\ \dfrac{\partial A_r}{\partial z} - \dfrac{\partial A_x}{\partial r} \\ \dfrac{1}{r}\dfrac{\partial}{\partial r}(r \cdot A_\theta) - \dfrac{1}{r}\dfrac{\partial A_r}{\partial \theta} \end{pmatrix}$$

Coordonnées sphériques

$$\mathbf{rot\ A} = \begin{pmatrix} \dfrac{1}{r\sin\theta}\left(\dfrac{\partial}{\partial\theta}(A_\varphi \sin\theta) - \dfrac{\partial A_\theta}{\partial\varphi}\right) \\ \dfrac{1}{r}\left(\dfrac{1}{\sin\theta}\dfrac{\partial A_r}{\partial\varphi} - \dfrac{\partial}{\partial r}(r \cdot A_\varphi\right) \\ \dfrac{1}{r}\left(\dfrac{\partial}{\partial r}(r \cdot A_\theta) - \dfrac{\partial A_r}{\partial\theta}\right) \end{pmatrix}$$

5. Laplacien

Coordonnées cartésiennes

Laplacien scalaire :

$$\Delta V = \nabla^2 V = \frac{\partial^2 V}{\partial x^2} + \frac{\partial^2 V}{\partial y^2} + \frac{\partial^2 V}{\partial z^2} = \mathrm{div}\,(\mathbf{grad} V)$$

Laplacien vectoriel :

$$\Delta\mathbf{A} = \boldsymbol{\nabla}^2\mathbf{A} = \begin{pmatrix} \Delta A_x = \dfrac{\partial^2 A_x}{\partial x^2} + \dfrac{\partial^2 A_x}{\partial y^2} + \dfrac{\partial^2 A_x}{\partial z^2} \\ \Delta A_y = \dfrac{\partial^2 A_y}{\partial x^2} + \dfrac{\partial^2 A_y}{\partial y^2} + \dfrac{\partial^2 A_y}{\partial z^2} \\ \Delta A_z = \dfrac{\partial^2 A_z}{\partial x^2} + \dfrac{\partial^2 A_z}{\partial y^2} + \dfrac{\partial^2 A_z}{\partial z^2} \end{pmatrix}$$

Coordonnées cylindriques

Laplacien scalaire :

$$\Delta V = \frac{1}{r}\frac{\partial V}{\partial r} + \frac{\partial^2 V}{\partial r^2} + \frac{1}{r^2}\frac{\partial^2 V}{\partial \theta^2} + \frac{\partial^2 V}{\partial z^2}$$

$$\Delta V = \frac{1}{r}\frac{\partial}{\partial r}\left(r\frac{\partial V}{\partial r}\right) + \frac{1}{r^2}\frac{\partial^2 V}{\partial \theta^2} + \frac{\partial^2 V}{\partial z^2}$$

Le Laplacien vectoriel n'a pas ici d'expression simple.

Coordonnées sphériques

Le Laplacien scalaire est :

$$\Delta V = \frac{1}{r}\frac{\partial}{\partial r^2}(rV) + \frac{1}{r^2 \sin^2 \theta}\frac{\partial^2 V}{\partial \varphi^2} + \frac{1}{r^2 \sin^2 \theta}\frac{\partial}{\partial \theta}\left(\sin\theta\frac{\partial V}{\partial \theta}\right)$$

6. Relations entre les opérateurs

Opérateur A · grad

$$\begin{aligned}(\mathbf{B}.\mathbf{grad})\,\mathbf{A} &= \begin{pmatrix} (\mathbf{B}.\boldsymbol{\nabla})\,A_x \\ (\mathbf{B}.\boldsymbol{\nabla})\,A_y \\ (\mathbf{B}.\boldsymbol{\nabla})\,A_z \end{pmatrix} \\ &= \begin{pmatrix} B_x\dfrac{\partial A_x}{\partial x} + B_y\dfrac{\partial A_x}{\partial y} + B_z\dfrac{\partial A_x}{\partial z} \\ B_x\dfrac{\partial A_y}{\partial x} + B_y\dfrac{\partial A_y}{\partial y} + B_z\dfrac{\partial A_y}{\partial z} \\ B_x\dfrac{\partial A_z}{\partial x} + B_y\dfrac{\partial A_z}{\partial y} + B_z\dfrac{\partial A_z}{\partial z} \end{pmatrix}\end{aligned}$$

En coordonnées cylindriques et sphériques l'expression n'est plus lisible.

Autres relations
$\mathbf{rot}\,(\mathbf{grad}U) = 0$
$\text{div}\,(\mathbf{rot}\,\mathbf{A}) = 0$
$\Delta\mathbf{A} = \mathbf{grad}(\text{div}\,\mathbf{A}) - \mathbf{rot}\,(\mathbf{rot}\,\mathbf{A})$
$\mathbf{grad}(U \cdot V) = U\,\mathbf{grad}V + V\,\mathbf{grad}U$
$\text{div}\,(V \cdot \mathbf{A}) = V\,\text{div}\,\mathbf{A} + \mathbf{A} \cdot \mathbf{grad}V$
$\mathbf{rot}\,(V \cdot \mathbf{A}) = V\,\mathbf{rot}\,\mathbf{A} + (\mathbf{grad}V) \wedge \mathbf{A}$
$\text{div}\,(\mathbf{A} \wedge \mathbf{B}) = \mathbf{B} \cdot \mathbf{rot}\,\mathbf{A} - \mathbf{A} \cdot \mathbf{rot}\,\mathbf{B}$

7. Théorèmes géométriques

Théorème d'Ostrogradski

$$\oiint_{M\in(S)} \mathbf{A}(M)\mathbf{n}_{\text{ext}}\,\text{d}S = \iiint_{M\in(V)} \text{div}\,\mathbf{A}(M)\,\text{d}V$$

Théorème de Stokes

$$\oint_{M\in(C)} \mathbf{A}(M).dM = \iint_{M\in(S)} \mathbf{rot}\,\mathbf{A}.\mathbf{n}(P)\,\text{d}S$$

Théorème du gradient

$$\oiint_{M\in(S)} U(M)\mathbf{n}_{\text{ext}}\,\text{d}S = \iiint_{M\in(V)} \mathbf{grad}A(M)\,\text{d}V$$

Autre formulation (avec les notations adoptées pour le théorème de Stokes) :

$$\oint_{M\in(C)} U(M).\mathbf{dM} = \iint_{M\in(S)} \mathbf{n}(M) \wedge \mathbf{grad}U(M)\,\text{d}S$$

Annexe E

Unités et constantes fondamentales

1. Unités du Système International

On distingue trois types d'unités dans le Système International : les unités de base, les unités supplémentaires (ces deux premières catégories étant dimensionnellement indépendante) et les unités supplémentaires et dérivées qui peuvent s'exprimer en fonction des premières.

1.1 Unités principales du système international

Grandeur physique	Unité	Symbole
Longueur	mètre	m
Masse	kilogramme	kg
Temps	seconde	s
Courant électrique	ampère	A
Température	kelvin	K
Quantité de matière	mole	mol
Intensité lumineuse	candela	cd

1.2 Unités secondaires du système international

Grandeur physique	Unité	Symbole
Angle	radian	rad
Angle solide	steradian	sr

1.3 Unités courantes du système international

Grandeur physique	Unité	Symbole
Fréquence	hertz	$\mathrm{Hz} \leftrightarrow \mathrm{s}^{-1}$
Force	newton	$\mathrm{N} \leftrightarrow \mathrm{kg} \cdot \mathrm{m} \cdot \mathrm{s}^{-2}$
Énergie	joule	$\mathrm{J} \leftrightarrow \mathrm{m} \cdot \mathrm{N}$
Puissance	watt	$\mathrm{W} \leftrightarrow \mathrm{J} \cdot \mathrm{s}^{-1}$
Pression	pascal	$\mathrm{Pa} \leftrightarrow \mathrm{N} \cdot \mathrm{m}^{-2}$
Charge électrique	coulomb	$\mathrm{C} \leftrightarrow \mathrm{A} \cdot \mathrm{s}$
Différence de potentiel électrique	volt	$\mathrm{V} \leftrightarrow \mathrm{A}^{-1} \cdot \mathrm{m} \cdot \mathrm{N} \cdot \mathrm{s}^{-1}$
Résistance électrique	ohm	$\Omega \leftrightarrow \mathrm{A}^{-1} \cdot \mathrm{m} \cdot \mathrm{N} \cdot \mathrm{s}^{-2}$
Conductance électrique	siemens	$\mathrm{S} \leftrightarrow \mathrm{A}^{2} \cdot \mathrm{N} \cdot \mathrm{s}$
Capacité électrique	farad	$\mathrm{F} \leftrightarrow \mathrm{A}^{2} \cdot \mathrm{m}^{-1} \cdot \mathrm{N}^{-1} \cdot \mathrm{s}^{2}$
Champ magnétique	tesla	$\mathrm{T} \leftrightarrow \mathrm{A}^{-1} \cdot \mathrm{m}^{-1} \cdot \mathrm{N}$
Inductance	henry	$\mathrm{H} \leftrightarrow \mathrm{A}^{-2} \cdot \mathrm{m} \cdot \mathrm{N}$
Flux magnétique	weber	$\mathrm{Wb} \leftrightarrow \mathrm{A}^{-1} \cdot \mathrm{m} \cdot \mathrm{N}$
Flux lumineux	lumen	$\mathrm{lm} \leftrightarrow \mathrm{cd} \cdot \mathrm{sr}$
Illumination	lux	$\mathrm{lx} \leftrightarrow \mathrm{cd} \cdot \mathrm{m}^{-2} \cdot \mathrm{sr}$

1.4 Multiples décimaux pour les unités

Facteur	Préfixe	Symbole	Facteur	Préfixe	Symbole
10	déca-	da	10^{-1}	déci-	d
10^{2}	hecto-	h	10^{-2}	centi-	c
10^{3}	kilo-	k	10^{-3}	milli-	m
10^{6}	méga-	M	10^{-6}	micro-	µ
10^{9}	giga-	G	10^{-9}	nano-	n
10^{12}	tera-	T	10^{-12}	pico-	p
10^{15}	peta-	P	10^{-15}	femto	f
10^{18}	exa-	E	10^{-18}	atto-	a

2. Constantes fondamentales

Constante	Valeur
Constante de gravitation	$G = 6,67259 \cdot 10^{-11}\ m^3 \cdot kg^{-1} \cdot s^{-2}$
Célérité de la lumière dans le vide	$c = 299792458\ m \cdot s^{-1}$ $c \approx 3 \cdot 10^8\ m \cdot s^{-1}$
Perméabilité du vide	$\mu_0 = 4\pi \cdot 10^{-7}\ H \cdot m^{-1}$ $\mu_0 \approx 1,25664 \cdot 10^{-6}\ H \cdot m^{-1}$
Permittivité du vide	$\varepsilon_0 \approx 8,85419 \cdot 10^{-12}\ F \cdot m^{-1}$
Constante de Planck	$h = 6,6260755 \cdot 10^{-34}\ J \cdot s^{-1}$ $h = 4,135669 \cdot 10^{-15}\ eV \cdot s$
Constante des gaz parfaits	$R = 8,314\ J \cdot K^{-1} \cdot mol^{-1}$
Nombre d'Avogadro	$\mathcal{N} = 6,0221367 \cdot 10^{23}\ mol^{-1}$
Constante de Boltzmann	$k = 1,380658 \cdot 10^{-23}\ J \cdot K^{-1}$
Charge élémentaire	$e = 1,602217733 \cdot 10^{-19}\ C$
Constante de Faraday	$\mathcal{F} = 96485,309\ C \cdot mol^{-1}$
Constante de Stefan-Boltzmann	$\sigma = 5,67051 \cdot 10^{-8}\ W \cdot m^{-2} \cdot K^{-4}$

3. Ordres de grandeurs

Grandeur	Valeur
Conductivité du métal	$\sigma \approx 10^8\ \Omega^{-1} \cdot m^{-1}$
Tension de seuil pour une diode	$V_d \approx 0,6\ V$
Champ de pesanteur à la surface de la Terre	$g = 9,8\ m \cdot s^{-2}$
Rayon terrestre	$R_T = 6400\ km$
Masse de la Terre	$M_T \approx 6 \cdot 10^{24}\ kg$
Altitude d'un satellite géostationnaire	$H \approx 36\,000\ km$
Distance Terre-Soleil	$d_{T-S} \approx 1,5 \cdot 10^{11}\ m$
Distance Terre-Lune	$d_{T-L} \approx 3,8 \cdot 10^8\ m$
Masse du soleil	$M_S \approx 2 \cdot 10^{30}\ kg$
Coefficient de frottement acier-acier	$\mu \approx 0,2$
Raideur d'un ressort	$k \approx 100\ N \cdot m^{-1}$
Masse du proton	$m_p = 1,673 \cdot 10^{-27}\ kg$
Masse du neutron	$m_n = 1,675 \cdot 10^{-27}\ kg$
Masse de l'électron	$m_e = 9,109 \cdot 10^{-31}\ kg$

Annexe F

Constantes chimiques

1. Potentiels standards redox

(À 25°C, 1,013 bar, pH=0)

Couples redox	E_0 en volts
$MnO_4^- + 4H^+ + 3e^- \longleftrightarrow MnO_2 + 2H_2O$	1,700
$MnO_4^- + 8H^+ + 5e^- \longleftrightarrow Mn^{2+} + 4H_2O$	1,490
$Cr_2O_7^{2-} + 14H^+ + 6e^- \longleftrightarrow 2Cr^{3+} + 7H_2O$	1,330
$MnO_2 + 4H^+ + 2e^- \longleftrightarrow Mn^{2+} + 2H_2O$	1,230
$Br_2 + 2e^- \longleftrightarrow 2Br^-$	1,090
$Hg^{2+} + 2e^- \longleftrightarrow Hg$	0,850
$Ag^+ + e^- \longleftrightarrow Ag$	0,798
$Hg^+ + e^- \longleftrightarrow Hg^-$	0,790
$Fe^{3+} + e^- \longleftrightarrow Fe^{2+}$	0,780
$MnO_4^- + e^- \longleftrightarrow MnO_4^{2-}$	0,560
$I_2 + 2e^- \longleftrightarrow 2I^-$	0,540
$Cu^{2+} + 2e^- \longleftrightarrow Cu$	0,340
$Cu^{2+} + e^- \longleftrightarrow Cu^+$	0,150
$2H^+ + 2e^- \longleftrightarrow H_2$	0,000
$Fe^{3+} + 3e^- \longleftrightarrow Fe$	−0,040

Couples redox	E_0 en volts
$Pb^{2+} + 2e^- \longleftrightarrow Pb$	−0,120
$Sn^{2+} + 2e^- \longleftrightarrow Sn$	−0,140
$Fe^{2+} + 2e^- \longleftrightarrow Fe$	−0,441
$Zn^{2+} + 2e^- \longleftrightarrow Zn$	−0,762
$Mn^{2+} + 2e^- \longleftrightarrow Mn$	−1,180
$Al^{3+} + 3e^- \longleftrightarrow Al$	−1,660
$Na^{+} + e^- \longleftrightarrow Na$	−2,715
$Ca^{2+} + 2e^- \longleftrightarrow Ca$	−2,763
$Ba^{2+} + 2e^- \longleftrightarrow Ba$	−2,900
$K^{+} + e^- \longleftrightarrow K$	−2,924

2. Constantes acido-basiques

(À 25°C, 1,013 bar dans l'eau)

Nom de l'acide	Acide	Base	K	pK
Acide oxalique	$H_2C_2O_4$	$HC_2O_4^-$	$5,7 \cdot 10^{-2}$	1,24
Acide sulfureux	H_2SO_3	HSO_3^-	$1,7 \cdot 10^{-2}$	1,8
Acide phosphrique	H_3PO_4	$H_2PO_4^-$	$8 \cdot 10^{-3}$	2,1
Fluorure d'hydrogène	HF	F^-	$6,3 \cdot 10^{-4}$	3,2
Acide nitreux	HNO_2	NO_2^-	$4 \cdot 10^{-4}$	3,4
Acide formique	$HCOOH$	$HCOO^-$	$2 \cdot 10^{-4}$	3,7
Ion hydrogénooxalate	$HC_2O_4^-$	$C_2O_4^{2-}$	$6,3 \cdot 10^{-5}$	4,2
Acide benzoïque	C_6H_5COO	C_6H_5COO	$6,8 \cdot 10^{-5}$	4,2
Acide acétique	CH_3COOH	CH_3COO^-	$1,8 \cdot 10^{-5}$	4,8
Acide carbonique	$CO_{2\ aq}$	HCO_3^-	$4,0 \cdot 10^{-7}$	6,4
Ion hydrogénochromate	$HCrO_4^-$	CrO_4^{2-}	$4,0 \cdot 10^{-7}$	6,4
Sulfure d'hydrogène	H_2S	HS^-	$1,0 \cdot 10^{-7}$	7,0
Ion dihydrogénosphate	$H_2PO_4^-$	HPO_4^{2-}	$6,3 \cdot 10^{-8}$	7,2
Acide hypochloreux	$HClO$	ClO^-	$3,2 \cdot 10^{-8}$	7,5
Ion ammonium	NH_4^+	NH_3	$6,3 \cdot 10^{-10}$	9,2
Cyanure d'hydrogène	HCN	CN^-	$5,0 \cdot 10^{-10}$	9,3
Ion hydrogénocarbonate	HCO_3^-	CO_3^{2-}	$5,0 \cdot 10^{-11}$	10,3
Ion hydrogénophosphat	HPO_4^{2-}	PO_4^{3-}	$5,0 \cdot 10^{-13}$	12,3
Ion hydrogénosulfure	HS^-	S^{2-}	$8,0 \cdot 10^{-14}$	13,1

3. Zone de virage des principaux indicateurs colorés

Acide		Basique
	Bleu de thymol (1er virage)	
1,2 (rouge)		2,8 (jaune)
	Bleu de bromophénol	
3,0 (jaune)		4,6 (bleu)
	Rouge de méthyle	
4,2 (rouge)		6,2 (jaune)
	Bleu de bromothymol	
6,0 (jaune)		7,6 (bleu)
	Rouge de phénol	
6,4 (jaune)		8,0 (rouge)
	Bleu de thymol (2e virage)	
8,0 (jaune)		9,6 (bleu)
	Phénolphtaléine	
8,0 (incolore)		9,9 (rouge)

Annexe G

Tableau périodique

1re colonne : alkalins métalliques

2e colonne : alkalino terreux

Colonnes 3–11 : métaux de transition

Colonne 17 : halogènes

Colonnes 18 : gaz rares

Gaz noble	Métaux
Métaux de transition	Alkalin métaliques
Halogène	Espèce rare
Non métaux	Alkalino terreux

numéro atomique → 6
symbole ← C
nom de l'élément → carbone
masse atomique ← 12,01

	1	2	3	4	5	6	7	8	9
I	1 **H** hydrogène 1,008								
II	3 **Li** lithium 6,94	4 **Be** béryllium 9,01							
III	11 **Na** sodium 22,99	12 **Mg** magnésium 24,31							
IV	19 **K** potassium 39,10	20 **Ca** calcium 40,08	21 **Sc** scandium 44,96	22 **Ti** titane 47,88	23 **V** vanadium 50,94	24 **Cr** chrome 52,00	25 **Mn** manganèse 54,94	26 **Fe** fer 55,85	27 **Co** cobalt 58,93
V	37 **Rb** rubidium 85,47	38 **Sr** strontium 87,62	39 **Y** yttrium 88,91	40 **Zr** zirconium 91,22	41 **Nb** niobium 92,21	42 **Mo** molybdène 95,94	43 **Tc** technétium 98,91	44 **Ru** ruthénium 101,1	45 **Rh** rhodium 102,9
VI	55 **Cs** césium 132,9	56 **Ba** baryum 137,3	57 **La** lanthane 138,9	72 **Hf** hafnium 178,5	73 **Ta** tantale 180,9	74 **W** tungstène 183,9	75 **Re** rhénium 186,2	76 **Os** osmium 190,2	77 **Ir** iridium 192,2
VII	87 **Fr** francium 223,0	88 **Ra** radium 226,0	89 **Ac** actinium 227,0						

58 **Ce** cérium 140,1	59 **Pr** praséodyme 140,9	60 **Nd** néodyme 144,2	61 **Pm** prométhium 144,9	62 **Sm** samarium 150,4
90 **Th** thorium 232,0	91 **Pa** protactinium 231,0	92 **U** uranium 238,0	93 **Np** neptunium 237,0	94 **Pu** plutonium 244,1

10	11	12	13	14	15	16	17	18
								2 **He** hélium 4,003
			5 **B** bore 10,81	6 **C** carbone 12,01	7 **N** azote 14,01	8 **O** oxygène 16,00	9 **F** fluor 19,00	10 **Ne** néon 20,18
			13 **Al** aluminium 26,98	14 **Si** silicium 28,09	15 **P** phosphore 30,97	16 **S** soufre 32,07	17 **Cl** chlore 35,45	18 **Ar** argon 39,95
28 **Ni** nickel 58,69	29 **Cu** cuivre 63,55	30 **Zn** zinc 65,39	31 **Ga** gallium 69,72	32 **Ge** germanium 72,59	33 **As** arsenic 74,92	34 **Se** sélénium 78,96	35 **Br** brome 79,90	36 **Kr** krypton 83,80
46 **Pd** palladium 106,4	47 **Ag** argent 107,9	48 **Cd** cadmium 112,4	49 **In** indium 114,8	50 **Sn** étain 118,7	51 **Sb** antimoine 121,8	52 **Te** tellure 127,6	53 **I** iode 126,9	54 **Xe** xénon 131,3
78 **Pt** platine 195,1	79 **Au** or 197,0	80 **Hg** mercure 200,6	81 **Ti** thallium 204,4	82 **Pb** plomb 207,2	83 **Bi** bismuth 209,0	84 **Po** polonium 210,0	85 **At** astate 210,0	86 **Rn** radon 222,0

63 **Eu** europium 152,0	64 **Gd** gadolinium 157,3	65 **Tb** terbium 158,9	66 **Dy** dysprosium 162,5	67 **Ho** holmium 164,9	68 **Er** erbium 167,3	69 **Tm** thulium 168,9	70 **Yb** ytterbium 173,0	71 **Lu** lutétium 175,0
95 **Am** américium 243,1	96 **Cm** curium 247,1	97 **Bk** berkélium 247,1	98 **Cf** californium 252,1	99 **Es** einstenium 252,1	100 **Fm** fermium 257,1	101 **Md** mendélevium 256,1	102 **No** nobélium 259,1	103 **Lr** lawrencium 260,1

Index

51940 - (II) - (3) - OSB 80° - AUT - JME
Imprimerie CHIRAT - 42540 Saint-Just-la-Pendue
Dépôt légal : septembre 2008 - suite du tirage : octobre 2010
N° 201009.0228

Imprimé en France